中文全彩铂金版

Photoshop CC 平面设计案例教程

姚松奇　冯阳山　罗启强 / 主编

魏　娜　陶黎艳 / 副主编

U0244536

中国青年出版社
CHINA YOUTH PRESS　中青雄狮

图书在版编目（CIP）数据

Photoshop CC中文全彩铂金版平面设计案例教程/姚松奇，冯阳山，罗启强主编. — 北京：中国青年出版社，2018.6
ISBN 978-7-5153-5067-7

I.①P… II.①姚… ②冯… ③罗… III.①平面设计-图象处理软件-教材
IV.①TP391.413

中国版本图书馆CIP数据核字（2018）第056362号

策划编辑　张　鹏
责任编辑　张　军

Photoshop CC中文全彩铂金版平面设计案例教程

姚松奇　冯阳山　罗启强 / 主编
魏　娜　陶黎艳 / 副主编

出版发行：　中国青年出版社
地　　址：　北京市东四十二条21号
邮政编码：　100708
电　　话：　（010）50856188 / 50856199
传　　真：　（010）50856111
企　　划：　北京中青雄狮数码传媒科技有限公司
印　　刷：　湖南天闻新华印务有限公司
开　　本：　787 x 1092　1/16
印　　张：　12.5
版　　次：　2018年6月北京第1版
印　　次：　2019年8月第2次印刷
书　　号：　ISBN 978-7-5153-5067-7
定　　价：　69.90元（附赠1DVD，含语音视频教学+案例素材文件+PPT电子课件+海量实用资源）

本书如有印装质量等问题，请与本社联系　电话：（010）50856188 / 50856199
读者来信：reader@cypmedia.com　　　　　投稿邮箱：author@cypmedia.com
如有其他问题请访问我们的网站：http://www.cypmedia.com

Preface 前言

首先，感谢您选择并阅读本书。

软件简介

Adobe Photoshop简称PS，是Adobe公司推出的一款专业图形图像处理软件。Photoshop堪称世界顶尖级水平的图像设计软件，因其专业的技能和强大的兼容性，成为全球通用的图形图像设计与编辑处理工具。在竞争日益激烈的商业社会中，Photoshop发挥着举足轻重的地位，广泛应用于平面设计、创意合成、照片后期处理等领域，深受平面设计人员和图形图像处理爱好者的喜爱。

内容提要

本书以功能讲解+实战练习的形式，系统全面地讲解了Photoshop图像处理与设计的基础知识和综合应用，理论结合实际让读者更深刻理解Photoshop的应用。

基础知识部分在介绍软件的各个功能时，会根据所介绍功能的重要程度和使用频率，以具体案例的形式，拓展读者的实际操作能力。每章内容学习完成后，还会有具体的案例来对本章所学内容进行综合应用，使读者可以快速熟悉软件功能和设计思路。然后再通过综合案例部分商业实训内容的学习，来快速提高读者Photoshop图像处理与设计的技能。

为了帮助读者更加直观地学习本书，随书附赠的光盘中不但包括了书中全部案例的素材文件，方便读者更高效地学习；还配备了所有案例的多媒体有声视频教学录像，详细地展示了各个案例效果的实现过程，扫除初学者对新软件的陌生感。

读者群体

本书将呈现给那些迫切希望了解和掌握Adobe Photoshop软件的初学者，也可作为提高用户设计和创新能力的指导，适用读者群体如下：

- 各高等院校从零开始学习Photoshop的初学者；
- 各大中专院校相关专业及培训班学员；
- 从事平面广告设计和制作工作的设计师；
- 对图形图像处理感兴趣的读者。

版权声明

本书内容所涉及的公司、个人名称、作品创意以及图片等素材，版权仍为原公司或个人所有，这里仅为教学和说明之用，绝无侵权之意，特此声明。

本书在写作过程中力求严谨，但因时间和精力有限，不足之处在所难免，敬请广大读者批评指正。

编　者

Contents 目录

Part 01 基础知识篇

Chapter 01 认识Photoshop

Chapter 02 Photoshop基础操作

Chapter 03 图层和选区

Chapter 04 文字与形状

Chapter 05 图像色彩调整

Chapter 06 蒙版和通道

Chapter 07 图像的修复与修饰

Chapter 08 滤镜效果

Part 02 综合案例篇

Chapter 09 化妆品广告设计

Chapter 10 企业网页设计

Chapter 11 油漆桶包装设计

Chapter 12 鲜花海报设计

Part 01

基础知识篇

基础知识篇将对Photoshop软件的基础知识和功能应用进行全面的介绍，包括图层与选区、文字与形状、图像的模式与色调、蒙版与通道、图像的修饰以及滤镜的使用等。在介绍软件功能的同时，配以丰富的实战案例，让读者全面掌握软件技术。

Chapter 01 认识Photoshop

本章概述

Photoshop是目前最先进的图像编辑软件，被大部分平面设计者所使用。通过对本章内容的学习，用户会对Photoshop有一个全面的了解，为后续图像的编辑和处理打下基础。

核心知识点

❶ 了解Photoshop的应用领域
❷ 知道数字化图像基础
❸ 熟悉Photoshop的工作界面
❹ 掌握Photoshop的工作区

1.1 Photoshop应用领域

Photoshop是一款功能齐全的数字化图像处理软件，在图像数字化渐渐成为主流的今天，其应用几乎覆盖了大部分需要进行图像处理的领域，如平面设计、网页设计、插画设计以及数码摄影后期处理等各个方面。

1.1.1 Photoshop的常见应用领域

Photoshop功能齐全，操作简便，因而其应用领域十分广泛，几乎涵盖了所有需要图像处理的领域，下面详细介绍Photoshop常见的应用领域。

1. 在平面设计中的应用

在平面设计中最常用的软件便是Photoshop，从书籍封面、招贴画、海报到文化衫，五彩斑斓的颜色和绚丽的文字，均可在Photoshop中进行处理和合成，下左图为杂志封面的设计效果。

2. 在界面设计中的应用

在进行手机或计算机软件界面设计时，利用Photoshop强大技术后盾的支持，可以将画面质感、色彩和独特性表现得更为到位，下右图是某网站登陆界面的设计效果。

3. 在插画设计中的应用

插画作为一种新兴的艺术形式，除了可以在纸上作画外，还可以通过Photoshop连接外部设备在电脑上绘画，如右图所示。

4. 在数码摄影后期处理中的应用

虽然很多数码摄影器材提供了后期处理软件，但是Photoshop对图像的处理更加细致，从扫描、输入照片到校色、修正、分色并输出，均可以出色地完成。

5. 在动画和CG设计中的应用

使用3ds Max可以很好地完成三维模型的制作，但是其贴图处理的能力远不及Photoshop，因此在动画和CG制作中，需要用到Photoshop对贴图进行处理。

1.1.2　Photoshop的其他应用领域

上面对Photoshop的一些主要应用领域进行了介绍，除此之外，还广泛应用于网页设计、照片修复、创意图像、包装设计等各个方面。

随着网络应用的日常化，人们对网页的审美要求也越来越高，Photoshop除了可以对图像进行处理，还可以对页面进行设计和制作。在Photoshop中设计的效果后，接着需要使用Dreamweaver导入并使用Flash添加动画，以便可以制作出一个互动的网页效果，这里不做过多讲解。

1.2　数字化图像基础

在具体地学习使用Photoshop之前，需要简单地了解一些数字化图像的基础知识。在计算机世界中，图像和图形是以数字的形式进行记录、处理和保存的，主要分为两类：位图和矢量图。本节除了会讲解位图和矢量图的区别之外，还会对分辨率的概念、颜色模式以及Photoshop支持的图像格式进行介绍。

1.2.1　位图和矢量图

位图和矢量图作为图像的两大类型，具有各自的优点和缺点，下面将分别进行详细地介绍。

1. 位图

位图由像素构成，数码相机拍摄、扫描仪生成或者在计算机中截取的图像等均属于位图，位图可以很好地表现出颜色变化和细微过渡，效果也十分逼真，而且可以在不同软件中交换使用。但是位图在储存时需要存储相应的像素位置和颜色值，因此位图的像素越高，占用的储存空间越大。分辨率是位图不可逾越的壁垒，在对位图进行缩放、旋转等操作时，无法产生新的像素，因此会放大原有的像素来填补空白，这样会让图像显得不清晰。下左图是一张相机拍摄的照片，在一般模式下，图片相当清晰。但是放大600%后，会发现图像变得模糊了，如下右图所示。

2. 矢量图

矢量图是图形软件通过数学的向量方法进行计算得到的图形，是由数值定义的直线和曲线构成，与分辨率无直接关系，因此任意地旋转和缩放均不会对图像的清晰度和光滑程度造成影响，即不会产生失真现象。同时矢量图占用的空间非常小，适用于一些图标或者Logo等不能受缩放影响清晰度的情况。但是矢量图不能很好地表现细节或展示一些色彩复杂的图案。下左图是一个矢量图插画。在放大3200%之后的细节图依然十分清晰平滑，如下右图所示。

1.2.2 像素和分辨率

像素是构成位图图像的基本单位，而分辨率决定了位图图像的清晰程度，本小节将对像素和分辨率的应用进行详细介绍。

1. 像素

把位图图像进行放大时，看到的不同颜色的小方块就是像素，如下左图所示。一个图像中包含的像素越多，颜色越丰富，但是会占用更多的储存空间。在Photoshop中打开"信息"面板，将鼠标移动到任意一个像素点上，会出现这个像素点对应的颜色值和位置，如下右图所示。

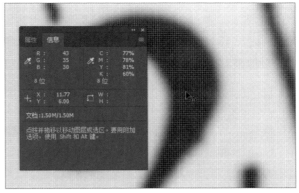

2. 分辨率

分辨率是用于度量位图图像内像素多少的一个参数，它的单位通常为像素/英寸（ppi），如72ppi表示每英寸包含72个像素点。分辨率越高，图像文件越大，图像表现出的细节也就越丰富。如下两图的图像分辨率分别为10ppi和300ppi。

1.2.3　颜色模式

颜色模式决定了计算机设备处理颜色的方法，一般分为CMYK模式、RGB模式、Lab模式以及灰度模式等，每一种颜色模式也可根据通道的位深分为8位、16位以及32位等，这决定了颜色的丰富程度，下左图是RGB颜色模式。一般从肉眼很难看出CMYK模式、RGB模式和Lab模式的区别，但是这些模式的色彩混合方式截然不同，RGB模式为通用的编辑模式，CMYK模式则是通用的印刷模式。而灰度模式则用于对图像作黑白处理，如下右图所示。

1.2.4 Photoshop支持的图像格式

图像格式是根据图像的压缩模式进行区分的，常见的有JPG格式、BMP格式、PNG格式、GIF格式等，在Photoshop中这些格式都是支持的。在Photoshop中编辑图像并保存时，默认的图像格式是PSD格式。如果图像占用资源大于两个G，则需要将保存格式修改为PSB格式。Photoshop支持的打开和保存图像格式，如下图所示。

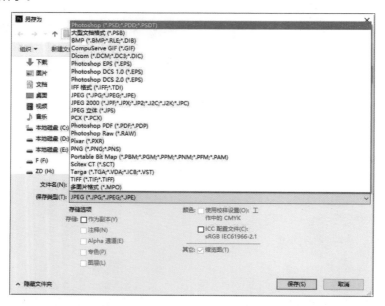

1.3 Photoshop的工作界面

在学习使用Photoshop进行图像的编辑和处理之前，首先需要对Photoshop的工作界面进行了解。本节将带领用户认识Photoshop的工作界面。

1.3.1 菜单栏

菜单栏默认在工作界面的左上角，包含了"文件"、"编辑"、"图像"、"图层"、"文字"、"选择"、"滤镜"、"视图"、"窗口"和"帮助"等菜单，每一个菜单下均有对应的子菜单。选择"图像"菜单，在下拉列表中选择"模式"选项，其子菜单中的选项如下图所示。

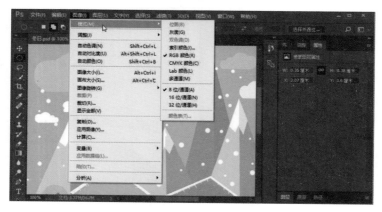

1.3.2　工具箱

工具箱默认在工作界面的左侧，包含了Photoshop所有的工具，如绘图工具、渐变工具、创建选区工具、画笔工具以及文字工具等。

工具箱中部分工具图标的右下角带有黑色的小三角形，这表示该工具组中还包含多个子工具，右击该工具或按住鼠标左键不放，即可显示工具组中隐藏的子工具列表，如右图所示。

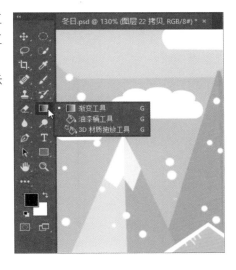

1.3.3　属性栏

属性栏默认在菜单栏的下方，用于设置各个工具的具体参数。选择不同的工具，对应的属性栏也不一样，如选择矩形工具，其对应的属性栏如下图所示。

1.3.4　面板

面板是位于工作界面右侧的多个小窗口，其中汇集了图像处理的常用功能，不同的面板包含的图像编辑功能也不同，用户可以在"窗口"菜单中选择相应的命令来显示或隐藏对应的面板。执行"窗口>历史记录"命令，如下左图所示。即可打开"历史记录"面板，如下右图所示。

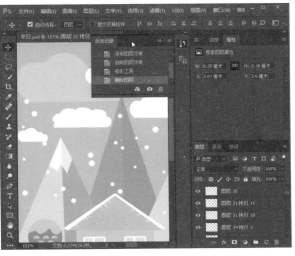

1.3.5　文档窗口

文档窗口一般包括标题栏、工作区和状态栏3部分，如下图所示。标题栏显示了文档名称、文件格式、颜色模式等信息，工作区则是显示和编辑图像的区域，而状态栏显示了当前文档的大小、尺寸、当前工具等信息。

1.4　Photoshop的工作区

在Photoshop的工作界面中，菜单栏、文档窗口、工具箱以及面板的排列方式称为工作区，软件本身自带了几种适应不同任务的工作区，在进行图像编辑时可以针对不同的需求选择合适的工作区。当然用户也可以根据自己的喜好和需要自定义工作区。

1.4.1　预设工作区

Photoshop自带的工作区称为预设工作区，包括"动感"、"绘画"、"摄影"等。在菜单栏中执行"窗口>工作区"命令，在打开的子菜单中选择所需的工作区选项，这里选择"绘画"工作区选项，如下左图所示。可以看到工作区多了用于绘画需要的"画笔预设"面板，如下右图所示。

提示：自定义彩色菜单命令

在工作中如果经常需要用到某些菜单栏，可以将其设定为彩色。在菜单栏中执行"编辑>菜单"命令，打开"键盘快捷键和菜单"对话框，选择"应用程序菜单命令"为"颜色"即可。

1.4.2　自定义工作区

　　除了可以使用预设工作区，用户也可以根据需要创建自己的工作区，即自定义工作区。从理论上讲，工作界面上所有的窗口均可以自由组合，主要是面板的组合，下左图为笔者常用的工作区。在自由组合完成之后，可以对自定义工作区进行保存，在菜单栏中执行"窗口>工作区>新建工作区"命令，在弹出的"新建工作区"对话框中输入工作区的名称，然后勾选需要存储工作区对应的复选框，单击"存储"按纽，如下右图所示。下次打开Photoshop软件时，可以直接进入自定义工作区。

🔍 知识延伸：对图像进行精确定位

　　如果需要对图像中的某部分进行精确定位，可以使用参考线或定位线。在图像编辑时可以看到添加的辅助线，而在打印作品时是不显示的。显示参考线的方法一般有两种，一种是精确定位，一种是自由定位。第一种方法是在菜单栏中执行"视图>新建参考线"命令，如下左图所示。然后在弹出的"新建参考线"对话框中进行参数设置，如下右图所示。这种方法可以对参考线进行精确地定位，在自由变换移动图像时可以自动吸附，以达到定位的目的。

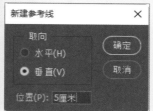

完成上述操作后，在文档窗口左边向右5厘米处创建了一条垂直的参考线，效果对比如下图所示。

第二种方法相对而言既可以进行精确定位也可以自由定位，在菜单栏中执行"视图>标尺"命令，如下左图所示。即可在文档窗口中看到水平位置和垂直位置出现的标尺，如下右图所示。

接下来在水平标尺和垂直标尺的位置按住鼠标左键并拖动，即可创建一条参考线。该参考线可以任意定位或者沿着标尺进行精确定位，这种定位方法相对而言更加直观，也更加有效。

上机实训：在Photoshop中打开不同格式的文件

在Photoshop中可以根据需要打开Adobe公司的其他软件制作的图像文件进行编辑，下面将对如何打开Adobe Illustrator软件制作的EPS和AI文件进行详细介绍。

步骤 01 在菜单栏中执行"文件>打开"命令，如下左图所示。

步骤 02 在弹出的"打开"对话框中选择"笑脸.eps"文件，单击"打开"按钮，如下右图所示。

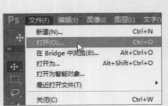

步骤 03 在弹出的"栅格化EPS格式"对话框中进行参数设置，如下左图所示。

步骤 04 单击"确定"按纽，即可在文档窗口看到打开的EPS文件，如下右图所示。

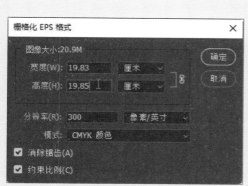

步骤 05 在菜单栏中执行"文件>打开"命令，如下左图所示。

步骤 06 在弹出的"打开"对话框中选择"笑脸.ai"文件，单击"打开"按纽，如下右图所示。

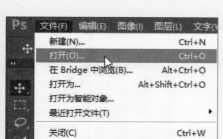
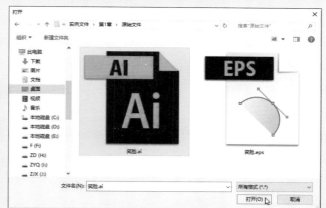

步骤 07 在弹出的"导入PDF"对话框中进行参数设置，如下左图所示。

步骤 08 单击"确定"按纽，即可在文档窗口看到打开的AI文件，如下右图所示。

课后练习

1. 选择题

（1）在Photoshop中编辑图像并进行保存时，默认的图像格式为（　　）。

    A. JPG   B. PNG

    C. PSD   D. GIF

（2）颜色模式决定了计算机设备处理颜色的方法，（　　）是通用的印刷模式。

    A. JPG模式   B. RGB模式

    C. CMYK模式   D. Lab模式

（3）RGB模式一般是（　　）。

    A. 编辑模式   B. 印刷模式

    C. 过渡模式   D. 输出模式

2. 填空题

（1）数码相机拍摄的、扫描仪生成的或计算机中截取的图像均属于位图，位图由_____构成。

（2）矢量图与分辨率无直接关系，是由数学定义的_____和_____构成。

（3）颜色模式分为_____等，这些模式决定了色彩模式的混合方法。

3. 上机题

    打开光盘中的"登陆界面.psd"素材文件，熟悉工作界面中各个部分功能的应用，然后根据需要创建合适自己的工作区，如下图所示。

Chapter 02 Photoshop基础操作

本章概述

本章将对Photoshop的基础操作进行讲解，包括文件的基础操作、图像和画布的基础操作以及图像的编辑等，熟练掌握这些基础知识是进行平面设计必备的技能。

核心知识点

❶ 熟悉文件的基础操作
❷ 掌握图像的复制与移动操作
❸ 掌握画布的基础操作
❹ 熟悉图像的变形操作

2.1 文件的基础操作

在Photoshop中，文件是图像的载体，要进行平面作品创作，首先需要建立文件，然后才能进行进一步操作。本节将对文件的基础操作进行详细地讲解。

2.1.1 新建文件

在Photoshop中新建文件一般有两种方法，第一种是在菜单栏中执行"文件>新建"命令，如下左图所示。打开"新建文档"对话框，然后对新建文件的名称、文档类型、大小、分辨率、色彩模式等进行设置，如下右图所示。另一种方法是直接按下Ctrl+N组合键，同样可以打开"新建文档"对话框，然后进行新建文档的参数设置。用户若习惯旧版本的"新建文档"对话框界面，可打开"首选项"对话框，在"常规"选项面板中勾选"使用旧版'新建文档'界面"复选框即可。

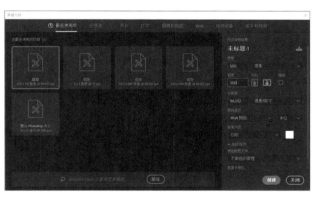

提示：文档类型

文档类型是新建图像文件的总称，其中包括图像的大小、分辨率、颜色模式以及背景颜色等信息。在Photoshop中，默认给定了一些常见的文档类型，包括Photoshop大小、美国标准纸张、国际标准纸张等，如右图所示。用户也可以对一些常用的文档类型进行保存预设，下次使用时就不用重复设置了。

2.1.2 保存文件

在新建的文件中进行图像编辑后，需要及时对图像进行保存操作。用户可以在菜单栏中执行"文件>存储"命令，如下左图所示。在弹出的"另存为"对话框中对文件的保存路径、名称、保存类型等参数进行具体设置，如下右图所示。此外，直接按下Ctrl+S组合键同样可以对文件执行保存操作。

 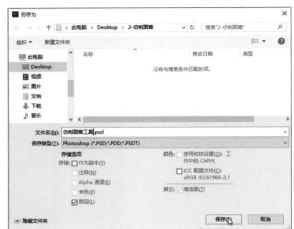

2.1.3 打开文件

在Photoshop中，打开文件有很多种方法，例如在菜单栏执行"文件>打开"、"文件>打开为"、"文件>打开为智能对象"命令，或者使用快捷键方式进行操作。

1. 执行"文件>打开"命令

在菜单栏中执行"文件>打开"命令，如下左图所示。在弹出的"打开"对话框中对需要的文件进行选择，如下右图所示。直接按下Ctrl+O组合键，也可快速打开"打开"对话框。

2. 执行"文件>打开为"命令

在菜单栏中执行"文件>打开为"命令，如下左图所示。在弹出的"打开"对话框中对需要的文件进行选择，如下右图所示。和"打开"命令的区别是，"打开为"命令可以打开没有拓展名或者文件实际格式与储存格式不一致的文件，选取文件后为其指定正确的格式，即可打开文件。用户也可以按下Ctrl+Alt+Shift+O组合键执行"打开为"命令。

3. 执行"文件 > 打开为智能对象"命令

在菜单栏中执行"文件>打开为智能对象"命令，如下左图所示。在弹出的"打开"对话框中对需要的文件进行选取，导入Photoshop后，在"图层"面板中将显示为智能对象缩览图，如下右图所示。和"打开"命令不同，"打开为智能对象"命令打开文件后会自动将文件转化为智能对象。

2.1.4 关闭文件

文件编辑并保存完成后，需要将其关闭，用户可以执行"文件>关闭"命令，如下左图所示。也可直接在标题栏中单击右上角的"关闭"按钮，快速关闭文件，如下右图所示。

2.1.5 置入文件

在Photoshop中通过置入文件操作，可以将素材进行拼合。在菜单栏中有两种置入文件的命令，分别为"置入嵌入的文件"和"置入链接的文件"命令，区别在于前者置入文件后，若源文件被修改，不会对置入的素材产生任何影响；而后者作为链接的文件置入，在源文件被修改时，置入的素材会随之发生变化。此处选择"文件>置入嵌入的智能对象"命令，如下左图所示。在弹出的"置入嵌入对象"对话框中，根据需要选择文件，然后单击"置入"按钮即可，如下右图所示。

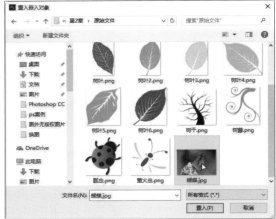

置入文件后，将光标移至控制点上，可以根据需要对素材进行缩放、旋转等操作，如下左图所示。确定置入素材后，按Enter键即可，如下右图所示。

2.1.6　导入和导出文件

执行导入文件操作，可以将PDF文件、数码照片或扫描的图片等文件导入到Photoshop中。新建文件后，在菜单栏中执行"文件>导入"命令，在子菜单中选择需要导入的文件类型，如下左图所示。

导出文件操作则是将创建好的图像导出为AI、PNG格式，或者导出到视频设备中，以满足多样化的需求。在菜单栏中执行"文件>导出"命令，然后根据需要在子菜单中选择相应的选项，如下右图所示。

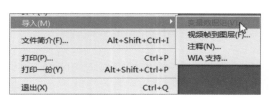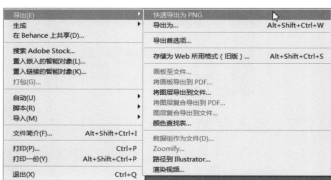

　　在导出文件时，执行"文件>导出>导出为"命令，弹出"导出为"对话框，如下左图所示。在该对话框中对导出的文件格式和像素比例等参数进行调整。若执行"文件>导出>路径到Illustrator"命令（Illustrator是矢量图形编辑软件），会弹出"导出路径到文件"对话框，如下右图所示。单击"确定"按钮后，会在指定的文件夹中生成一个AI格式的文件。

实战练习 将图像置入文档中

　　本案例将对以上所学的内容进行练习，包括新建文件、置入文件和保存文件等，具体操作如下。

步骤 01 在菜单栏中执行"文件>新建"命令，如下左图所示。

步骤 02 在弹出的"新建文档"对话框中设置相应的参数，单击"创建"按钮，如下右图所示。

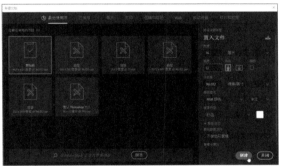

步骤 03 然后执行"文件>置入嵌入的智能对象"命令，如下左图所示。

步骤 04 在弹出的"置入嵌入对象"对话框中选择需要导入的文件，如下右图所示。

步骤 05 单击"置入"按钮，在文档窗口中查看置入的图像，如下左图所示。

步骤 06 将光标移至置入图像右上角的控制点，待变为双向箭头时按住Shift键并拖曳鼠标进行等比缩放，在光标的右上角显示图片的长宽值，如下右图所示。

步骤 07 然后对置入的文件进行移动和旋转操作，如下左图所示。

步骤 08 上述操作完成后，按下Enter键，效果如下右图所示。

2.2 图像和画布的基础操作

在Adobe Photoshop 中，文档窗口占据了大部分的工作界面，在文档窗口中最主要的元素是图像，而图像是基于画布存在的，本节将对图像和画布的基础操作进行讲解。

2.2.1 移动和复制图像

在画布上移动图像时，需要在"图层"面板中选中移动对象所在的图层，如下左图所示。在工具栏中选择移动工具，如下右图所示。

在文档窗口中将光标移至图像上，按住鼠标左键拖动，移至合适位置释放鼠标即可，效果如下图所示。

当需要复制图像时可采用以下两种方法：一种是在菜单栏中执行"图层>新建>通过拷贝的形状图层"命令或按下Ctrl+J组合键，如下左图所示。另一种方法是按住Alt键的同时移动图层来执行复制操作。操作完成后可以在"图层"面板中看到拷贝的图层，如下右图所示。

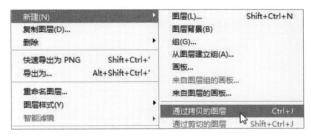 

拷贝完成后，拷贝的图像默认叠加在原图像上，如下左图所示。然后对拷贝的图像或者原图像进行移动，操作完成后查看效果，如下右图所示。

2.2.2　跨文档移动图像

当需要将两个或两个以上文档中的对象进行整合时，可以进行跨文档移动图像操作。在"图层"面板中选择需要进行移动图像所在的图层，如下左图所示。

然后在文档窗口中选中图像并拖动到文档窗口顶端的另一个标题栏上，停留片刻后，画面会切换到该标题对应的文档，如下右图所示。

　　然后将光标移至该文档，当光标变成下左图所示形状后释放鼠标。然后适当调整图像的位置和大小，完成跨文档移动图像操作，如下右图所示。

2.2.3　修改图像和画布的大小

　　图像的大小包括图像的像素大小、打印尺寸和分辨率，这些参数不仅决定了图像在屏幕上的大小，也影响了图像的质量、打印特性和存储空间。在菜单栏中执行"图像>图像大小"命令，如下左图所示。弹出"图像大小"对话框，修改相关参数，然后单击"确定"按纽，如下右图所示。

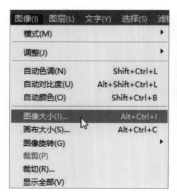

　　画布的大小是指文档窗口的工作区域大小，当需要调整画布的大小时，可以在菜单栏中执行"图像>画布大小"命令，如下左图所示。弹出"画布大小"对话框，修改相关参数后，单击"确定"按纽，如下右图所示。

提示：修改画布大小时勾选"相对"复选框

当在"画布大小"对话框中勾选"相对"复选框时，图像原有的画布信息会清零，需要再重新输入画布的尺寸，但是会有原尺寸作为参考，如右图所示。

2.3 图像的裁剪、变换和变形

在Photoshop中导入图像后，不仅可以对其执行裁剪操作，还可以执行变换或变形的相关操作，包括图像的旋转、缩放、扭曲和斜切等。

2.3.1 裁剪图像

要对图像进行裁剪，首先在工具箱中选择裁剪工具，光标会变成裁剪形状，在画布中按住鼠标左键并进行拖曳，形成裁剪区域，如下左图所示。确定裁剪后，释放鼠标左键并按下Enter键，即可保留裁剪区域内的图像，如下右图所示。

2.3.2 变换图像

图像的变换操作包括图像的移动、旋转和缩放等，在"图层"面板中选中需要执行变换操作的图层，然后执行"编辑>自由变换"命令，如下左图所示。在图层对应的图像上会出现定界边框，如下右图所示。

 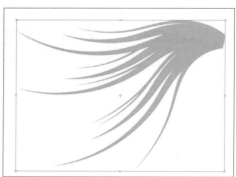

定界边框上有多个控制点，同时按住Shift键和四角上任意控制点，可以对图像进行等比缩放；若单独拖曳四角的控制点，可以进行自由缩放；拖曳四边上的控制点，可以在垂直或水平方向进行自由变换。将光标移动到四角控制点的周边时，将出现如下左图所示形状，若进行拖曳，可以对图像进行自由旋转，如下右图所示。自由变换操作完成之后，按Enter键即可。

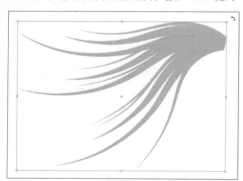 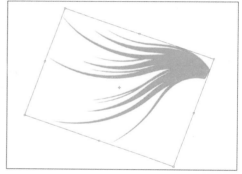

2.3.3 变形图像

图像的变形包括扭曲和斜切等操作，首先在"图层"面板中选中需要变形的图层，然后在菜单栏中执行"编辑>自由变换"命令，当需要扭曲时，在拖曳控制点的同时按下Ctrl键，如下左图所示。当需要透视时，在拖曳控制点的同时按下Shift+Ctrl+Alt组合键即可，如下右图所示。

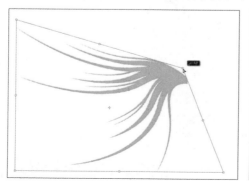 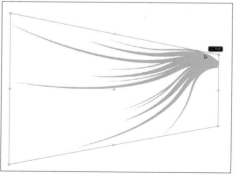

如果需要对图像进行斜切变形，则在拖曳控制点的同时，按住Shift+Ctrl组合键，可以在水平方向和垂直方向进行斜切。在水平方向进行斜切变形的效果如下左图所示，在垂直方向进行斜切变形的效果如下右图所示。

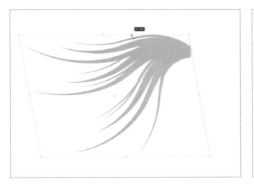

2.4 图像的恢复操作

在对图像进行编辑或处理时，若对处理效果不满意或出现操作错误，可以使用Photoshop提供的恢复功能来进行处理，例如还原、重做和恢复操作。

2.4.1 还原和重做

在进行图像编辑时，若发生误删、错误操作等情况，可以使用Ctrl+Z组合键撤回上一步操作。下左图将图片调整为黑白状态时，仅需按下Ctrl+Z组合键即可还原，如下右图所示。

如果需要撤回多步操作，有两种方法：一种是在菜单栏中执行"窗口>历史记录"命令，如下左图所示。在弹出的"历史记录"面板中选中错误的步骤并右击，在快捷菜单中选择"删除"命令即可，如下右图所示。用户还可以使用Ctrl+Shift+Z组合键执行多步撤回操作，但最多可撤回20步。

2.4.2 恢复文件

在进行图像编辑时，由于操作不当或者系统故障导致软件意外关闭，而文档并未保存时，若没有行之有效的方法将文档找回，将会对工作造成一定的损失。Photoshop具有的记忆功能，当再次打开软件时，在标题栏上会显示"恢复的"字样，表明该文档是之前未保存而意外关闭的，如下图所示。此时用户可根据需要对文档执行保存操作，这样可以在很大程度上避免损失。

 ## 知识延伸：文档编辑常用快捷键

熟练掌握Photoshop的快捷键，可以达到事半功倍的效果，下面介绍一些文档编辑的常用快捷键以及其所对应的命令，具体如下。

快捷键	对应的命令
Ctrl+N	执行"文件>新建"命令
Ctrl+S	执行"文件>储存"命令
Ctrl+Shift+S	执行"文件>储存为"命令
Ctrl+O	执行"文件>打开"命令
Ctrl+Shift+O	执行"文件>打开为"命令
Ctrl+W	执行"文件>关闭"命令
Ctrl+C	执行"编辑>拷贝"命令
Ctrl+V	执行"编辑>粘贴"命令
Ctrl+T	执行"编辑>自由变换"命令
Ctrl+Shift+N	执行"图层>新建>图层"命令
Ctrl+J	执行"图层>新建>通过拷贝的图层"命令
Ctrl+A	执行"选择>全选"命令
Ctrl+0	执行"视图>按屏幕大小缩放"命令
Ctrl+R	执行"视图>标尺"命令

上机实训：制作大树插画

在学习了本章内容之后，本案例将通过制作大树插画的操作进一步巩固所学的内容，具体操作如下。

步骤 01 在菜单栏中执行"文件>新建"命令，在弹出的"新建文档"对话框中设置相关参数，如下左图所示。

步骤 02 然后执行"文件>打开"命令，在弹出的"打开"对话框中选择需要的文件，如下右图所示。

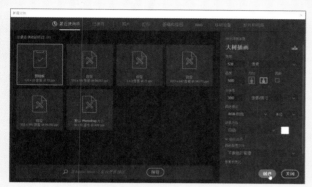 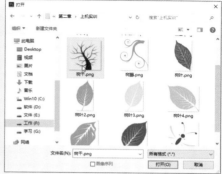

步骤 03 单击"确定"按纽后，拖动文档标题标签使之成为浮动画布，如下左图所示。

步骤 04 然后在"图层"面板中选择树干图层，如下右图所示。

步骤 05 将树干图层移动到新建的文档中并适当调整大小，如下左图所示。

步骤 06 然后在菜单栏中执行"文件>置入嵌入的智能对象"命令，如下右图所示。

步骤 07 在弹出的"置入嵌入对象"对话框中选择需要置入的对象，如下左图所示。

步骤 08 然后对置入的图像执行自由变换操作，效果如下右图所示。

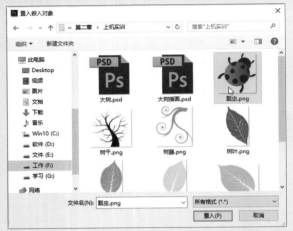 

步骤 09 待置入对象的大小和位置调整完毕后按下Enter键，自由变换控制点即可消失，如下左图所示。

步骤 10 根据相同的方法置入其他素材，并根据需要对置入的素材进行自由变换操作，效果如下右图所示。

步骤 11 然后在工具箱中选择裁剪工具，对图像执行裁剪操作，如下左图所示。

步骤 12 裁剪完成后，在文档窗口中查看最终的效果，如下右图所示。

课后练习

1. 选择题

（1）在"新建文档"对话框中，下列哪个选项不属于文档参数（　　）。

　　A. 文件名称　　　　　　　　　　　B. 文件大小

　　C. 图像模式　　　　　　　　　　　D. 文档的格式

（2）以下操作不会对图像造成改变的是（　　）。

　　A. 变换　　　　　　　　　　　　　B. 移动

　　C. 变形　　　　　　　　　　　　　D. 裁剪

（3）需要对图层进行等比缩放时，使用鼠标拖动的同时需要按下（　　）。

　　A. Ctrl键　　　　　　　　　　　　B. Alt键

　　C. Ctrl+Alt组合键　　　　　　　　D. Shift键

2. 填空题

（1）图像的大小包括_____、_____、_____等参数。

（2）使用Ctrl+Z组合键可以还原_____步操作。

（3）执行_____命令，当源文件被修改时，置入的素材不变。

3. 上机题

　　根据光盘中给定的素材制作一个相册，参照下图所示的效果。

操作提示

（1）用户可以尝试使用"描边"图层样式设置相册效果，图层样式功能将在下一章作详细讲解；

（2）对图像灵活地进行自由变换和变形操作。

Chapter **03** 图层和选区

本章概述

在Photoshop中，图层承载了图像的内容，图层的数量决定了图像的复杂程度。选区是指选择的区域，用于对图像的部分内容进行独立的编辑操作。在选区内图像进行编辑时，选区外的图像不受影响。

核心知识点

❶ 了解图层的概念
❷ 熟悉图层的混合模式
❸ 掌握图层样式的应用
❹ 掌握选区的创建与编辑

3.1 图层的基础操作

在使用Photoshop设计平面作品时，对图层的操作是必不可少的，如新建、重命名、分组、删除图层等操作。本节将对图层的概念和基础操作进行详细介绍。

3.1.1 图层的概念

Photoshop中的图层就像一张半透明的画纸，当多张半透明的画纸重叠在一起，其上不同位置的内容彼此叠加，形成一个完整的图像，如下左图所示。但是这个图像的每一部分都是彼此独立的，在"图层"面板的缩略图中可以看到每个图层的位置及其内容，如下右图所示。

提示：图层功能的意义

图层功能第一次出现是在1995年的Photoshop 3.0版本中。它带动的变革无疑是巨大的，图层的出现标志着全新的计算机绘图理念，也使得计算机绘图更加人性化。右图是图层的爆炸图。

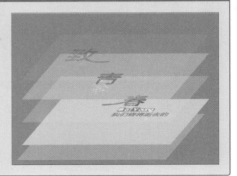

3.1.2 "图层"面板

"图层"面板位于工作界面右下侧的位置，用于创建、编辑和管理图层。在"图层"面板中可以查看当前图像的所有图层，为图层添加图层样式、图层蒙版，设置图层的混合模式或不透明度等属性，如下图所示。

3.1.3 新建图层

新建图层有多种方法，包括使用命令和在"图层"面板中新建等。用户可以在菜单栏执行"图层>新建>图层"命令，如下左图所示。在弹出的"新建图层"对话框中对新建图层的参数进行设置，如下中图所示。

直接在"图层"面板中单击"创建新图层"按钮，即可快速新建一个图层，如下右图所示。

  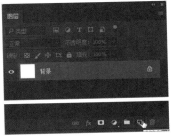

3.1.4 分组图层

当"图层"面板中包含大量的图层时，是不能根据图层的类型进行排序的，因为这会打乱图层的上下主次关系，但是杂乱的图层会使操作很不方便，如下左图所示。此时可以对图层进行分组，在"图层"面板中单击"创建新组"按钮，如下右图所示。

接下来将对应的图层拖入到新建的图层组中，如下图所示。整理之后的"图层"面板显得更清晰明了。另外，直接选中多个需要分组的图层，按下Ctrl+G组合键，也可对图层进行分组。

3.1.5　重命名图层

执行"图层>新建>图层"命令建立图层时，可以在弹出的"新建图层"对话框对图层进行重命名操作。但是在"图层"面板中单击"创建新图层"按纽创建新图层时，默认的名称一般不是用户所需要的图层名称，这时就需要对图层进行重命名。对图层进行重命名常用的有两种方法，第一种是在菜单栏中执行"图层>重命名图层"命令，如下左图所示。图层名称处于可编辑状态时，用户直接输入名称即可，如下右图所示。第二种是在"图层"面板中双击需要重命名的图层，即可进行重命名操作。

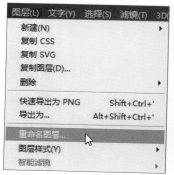 

3.1.6　显示和隐藏图层

当需要独立显示某个图层效果时，可以将其他图层隐藏起来。在"图层"面板中单击需要隐藏图层左侧的眼睛图标，即可将该图层隐藏，如下图所示。如需要将隐藏的图层显示出来，则再次单击眼睛图标即可。

3.1.7　合并和删除图层

Photoshop的合并图层功能可以对两个及两个以上的图层进行合并操作，以便更有效地进行编辑。在"图层"面板中选择需要进行合并的图层，如下左图所示。然后在菜单栏中执行"图层>合并图层"命令，如下右图所示。

若需要将不需要的图层删除，用户可以在"图层"面板中选中不需要的图层，然后按下键盘上的Delete键即可。

3.1.8　锁定图层

当图层上的内容设计完成且不需要进行修改时，为防止误操作，可以对当前图层执行锁定操作。在"图层"面板中单击"锁定全部"按钮，即可将当前图层锁定，如下左图所示。图层锁定之后，会在该图层右侧出现小锁图标，如下右图所示。如需解锁，单击小锁图标即可。

3.1.9　图层的填充和不透明度

图层的填充设置直接影响到图层颜色的浓淡程度，在"图层"面板中可以对图层填充的百分比进行调整，如下左图所示。而图层的不透明度会对其本身的透明程度产生影响，在"图层"面板中设置图层"不透明度"值，可以对图层的不透明度进行调整，如下右图所示。

3.2 图层的混合模式

图层的混合模式就是将一个图层中的像素和下方图层中的像素进行不同方式的混合，Photoshop中提供了6组27种混合方式，本节将对常用的混合模式进行详细讲解。

3.2.1 "正常"模式

"正常"模式分为"正常"和"溶解"两种，如下左图所示。其中"正常"模式是Photoshop中默认的模式，即对图层不做任何混合调整。"溶解"模式是根据图层的不透明度对像素进行随机扩散抖动，设置图层的不透明度为60%，如下右图所示。

为图层设置"溶解"模式后查看与原图的对比效果，如下图所示。

3.2.2 "变暗"模式

"变暗"模式主要是将底层图像变暗，使图像整体变暗，其中包括"变暗"、"正片叠底"、"颜色加深"、"线性加深和"深色"5种模式，如下左图所示。在"图层"面板中设置图层的混合模式为"正片叠底"，如下右图所示。"正片叠底"模式主要是根据图像每个通道中的颜色信息，将基色与混合色复合，与白色混合后不会产生变化。

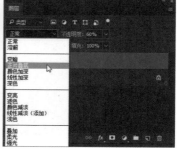

为图层设置"正片叠底"模式后查看与原图的对比效果，如下图所示。

3.2.3 "变亮"模式

"变亮"模式是"变暗"模式的反相模式，即效果与"变暗"模式相反。"变亮"模式中包括"变亮"、"滤色"、"颜色减淡"、"线性减淡（添加）"和"浅色"5种模式，如下左图所示。选中图层，设置混合模式为"变亮"，如下右图所示。"变亮"模式主要用于将当前图层中较亮的像素替换为底层图层较暗的像素，同时当前图层中较暗的像素会被底层图层中较暗的像素替换。

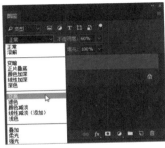

为图层设置"变亮"模式后查看与原图的对比效果，如下图所示。

提示：为图层组应用混合模式

在设计作品时，经常需要将很多关联的图层放在图层组中，这时图层组默认的混合模式为"穿透"模式，相当于独立图层的"正常"模式。当需要为图层组设置混合模式时，系统会将图层组视为一个图层，不管图层组里面有多少个图层，设置的方法和为图层设置混合模式一样，如右图所示。

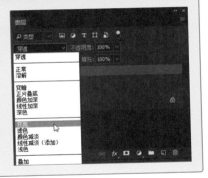

3.2.4 "叠加"模式

　　"叠加"模式可以加强图像的对比度，其中包括"叠加"、"柔光"、"强光"、"亮光"、"线性光"、"点光"和"实色混合"7种模式，如下左图所示。一般而言，该组模式适用于两个图层，当多于两个图层时效果反而不好。"叠加"模式实际上是"正片叠底"模式和"滤色"模式的组合模式。为图层应用"叠加"模式，如下右图所示。

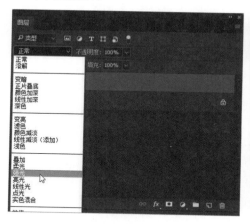 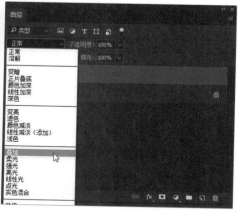

　　为图像应用"叠加"模式后，原图层的色彩信息会被底层图层的颜色替代，这会减少层次感。完成上述操作后查看与原图的对比效果，如下图所示。

3.2.5 "差值"模式

　　"差值"模式是"正常"模式之外的特殊模式，其中包括"差值"、"排除"、"减去"和"划分"4种模式。应用"差值"模式后，当前图层的白色部分会使底层图像产生反相效果，而黑色部分不会对底层图层产生任何影响，对当前图层应用"差值"模式，如右图所示。

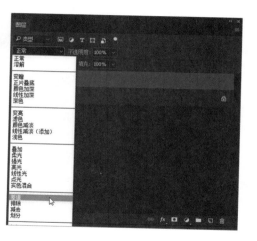

完成上述操作后查看与原图的对比效果，如下图所示。

3.2.6 "色相"模式

"色相"模式主要是将当前图层的一种或两种特性应用到下一图层，其中包括"色相"、"饱和度"、"颜色"和"明度"4种模式。选择"色相"模式，如右图所示。

完成上述操作后查看与原图的对比效果，如下图所示。

提示："背后"和"清除"模式

"背后"和"清除"模式均为绘画工具应用的模式，选择形状工具，并将创建的形状改为像素模式时在属性栏中会出现右图所示的选项。

3.3 图层的样式

图层样式也称为图层效果，在Photoshop中可以为图像、文字等图层添加投影、发光、描边等效果，制作出有真实质感的水晶、金属等纹理特效，或者通过投影制作出立体效果。图层样式功能增加了图像编辑的多样性，并且操作十分简便。本节将对图层样式的应用进行详细介绍。

3.3.1 添加图层样式

为图层添加样式一般有两种方法，一种是在菜单栏中执行"图层>图层样式"命令，在弹出的子菜单中选择需要添加的样式，如下左图所示。会弹出"图层样式"对话框，为图层样式设置相关参数，如下右图所示。另外一种方法是在"图层"面板中选择需要添加图层样式的图层，双击即可打开"图层样式"对话框，进行相应的参数设置。

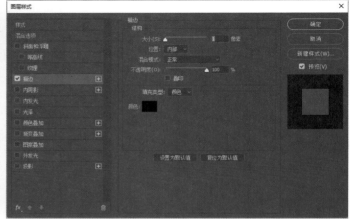

3.3.2 "斜面和浮雕"样式

"斜面和浮雕"样式可以对图层添加高光和阴影，使图像呈现出立体浮雕效果。在菜单栏中执行"图层>图层样式>斜面和浮雕"命令，如下左图所示。会弹出"图层样式"对话框，如下右图所示。

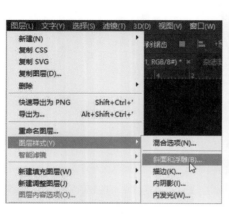
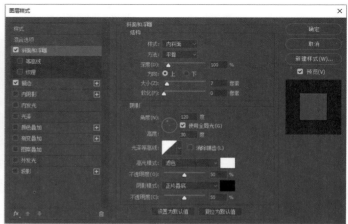

由于"斜面和浮雕"图层样式为复合样式，除了需要对"斜面和浮雕"的参数进行设置外，还需要对"等高线"和"纹理"等参数进行设置，如下图所示。

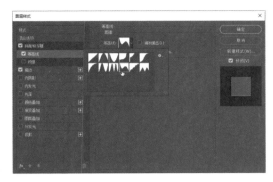 

为图层添加"斜面和浮雕"样式后查看与原图的对比效果，如下图所示。

3.3.3 "描边"样式

"描边"样式主要是使用纯色、渐变和图案对图层中图像进行描边，常用于文字和形状的效果设置。在菜单栏中执行"图层>图层样式>描边"命令，如下左图所示。然后在弹出的"图层样式"对话框中设置"描边"的相关参数，如下右图所示。

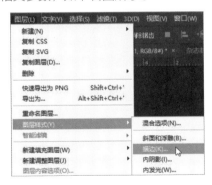 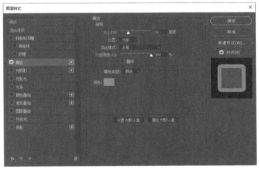

为图层添加"描边"样式后查看与原图的对比效果，如下图所示。

3.3.4 "内阴影" 样式

"内阴影"样式主要用于在紧靠图层内容的边缘内部添加阴影，产生内部凹陷的效果。在菜单栏中执行"图层>图层样式>内阴影"命令，如下左图所示。然后在弹出的"图层样式"对话框中对相关参数进行设置，如下右图所示。

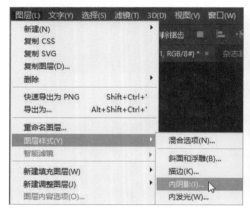
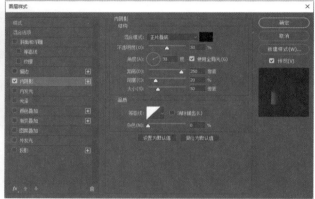

为图层添加"内阴影"样式后查看与原图的对比效果，如下图所示。

3.3.5 "内发光" 样式

"内发光"样式主要用于在图层内容的边缘向内制作发光效果。在菜单栏中执行"图层>图层样式>内发光"命令，如下左图所示。在弹出的"图层样式"对话框中进行参数设置，如下右图所示。

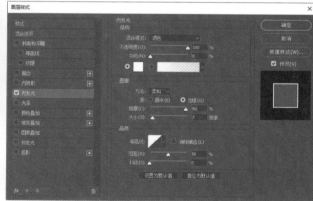

为图层添加"内发光"样式后查看与原图的对比效果，如下图所示。

3.3.6 "光泽"样式

"光泽"样式可以生产光滑的内部阴影效果，通常用于制作金属光泽。在菜单栏中执行"图层>图层样式>光泽"命令，如下左图所示。在弹出的"图层样式"对话框中进行参数设置，如下右图所示。

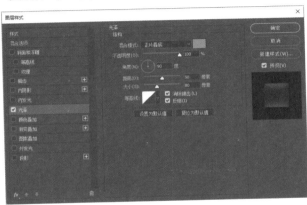

为图层添加"光泽"样式后查看与原图的对比效果，如下图所示。

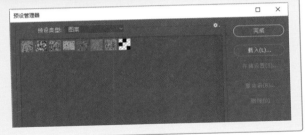

提示：使用预设的纹理来反映浮雕效果

预设的纹理也就是预设的图案，在菜单栏中执行"编辑>预设>预设管理器"命令，在弹出的"预设管理器"对话框中设置"预设类型"为"图案"，然后根据需要选择所需的填充图案，如右图所示。

3.3.7 "颜色叠加"样式

"颜色叠加"样式是通过混合模式和不透明度的设置，来为图层添加叠加颜色。在菜单栏中执行"图层>图层样式>颜色叠加"命令，如下左图所示。在弹出的"图层样式"对话框中对相关参数进行设置，如下右图所示。

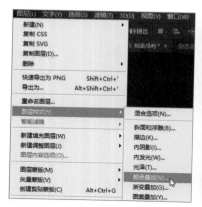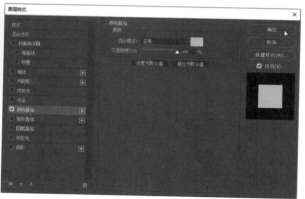

为图层添加"颜色叠加"样式后查看与原图的对比效果，如下图所示。

3.3.8 "渐变叠加"样式

"渐变叠加"样式主要是为图层上的对象叠加渐变颜色。在菜单栏中执行"图层>图层样式>渐变叠加"命令，如下左图所示。在弹出的"图层样式"对话框中进行参数设置，如下右图所示。

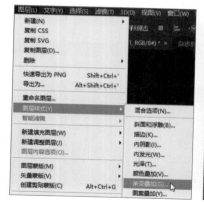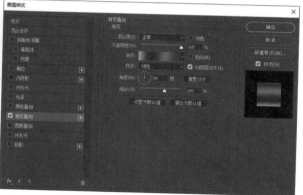

为图层添加"渐变叠加"样式后查看与原图的对比效果，如下图所示。

3.3.9 "图案叠加"样式

"图案叠加"样式是通过在图层上叠加预设或者自定义的图案，然后对图案的不透明度和混合模式等进行设置来改变图像效果。在菜单栏中执行"图层>图层样式>图案叠加"命令，如下左图所示。在弹出的"图层样式"对话框中进行参数设置，如下右图所示。

为图层添加"图案叠加"样式后查看与原图的对比效果，如下图所示。

> **提示：关于图层的填充**
>
> "颜色叠加"、"渐变叠加"和"图案叠加"功能类似于"纯色"、"渐变"和"填充"功能。区别在于前者是通过图层样式添加的，并且可以修改样式，后者的修改相对不易。

3.3.10 "外发光"样式

"外发光"样式可以沿着图层内容的边缘向外创建发光效果。在菜单栏中执行"图层>图层样式>外发光"命令，如下左图所示。然后在弹出的"图层样式"对话框中进行参数设置，如下右图所示。

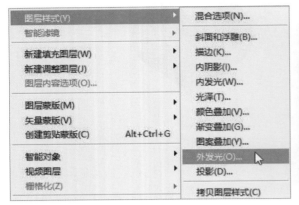 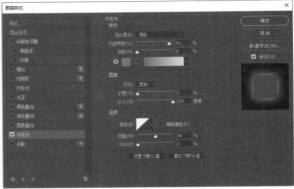

为图层添加"外发光"样式后查看与原图的对比效果，如下图所示。

3.3.11 "投影"样式

"投影"样式可以为图层内容添加阴影效果，从而使图像产生立体感。在菜单栏中执行"图层>图层样式>投影"命令，如下左图所示。在弹出的"图层样式"对话框中进行参数设置，如下右图所示。

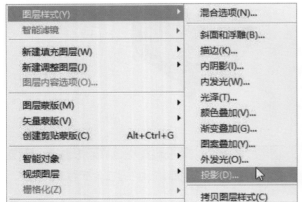 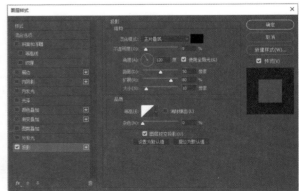

为图层添加"投影"样式后查看与原图的对比效果，如下图所示。

实战练习 创建金属文字效果

在一些海报的制作中，经常可以看到带有金属光泽的文字效果，这些金属文字效果可以通过图层样式制作出来。下面将对如何制作金属文字效果的方法进行详细介绍。

步骤 01 在菜单栏中执行"文件>打开"命令，在弹出的"打开"对话框中选择需要打开的图像，然后单击"打开"按纽，如下左图所示。

步骤 02 然后在菜单栏中执行"视图>按屏幕大小缩放"命令，如下右图所示。

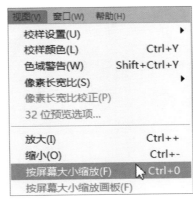

步骤 03 将画布从文档窗口标题栏中拖出来，形成符合屏幕比例的浮动画布，如下左图所示。

步骤 04 在工具箱中选择横排文字工具，然后在画布上输入"蝴蝶"文字，如下右图所示。

步骤 05 在菜单栏中执行"窗口>字符"命令，在弹出的"字符"面板中设置文本的相关参数，如下左图所示。

步骤 06 在"图层"面板中选中文字图层并双击，打开"图层样式"对话框，设置"斜面和浮雕"图层样式的相关参数，如下右图所示。

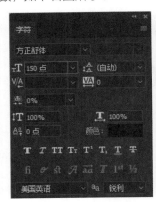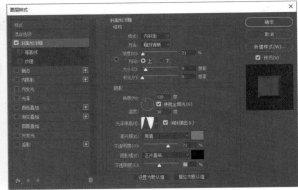

步骤 07 接着对"斜面和浮雕"中的"等高线"参数进行设置，如下左图所示。

步骤 08 然后添加"内阴影"样式并设置相关参数，如下右图所示。

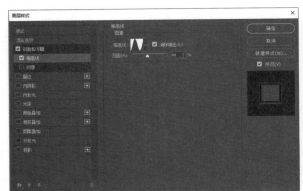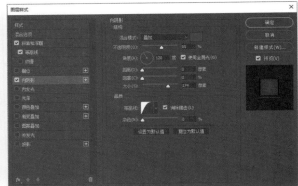

步骤 09 对"光泽"样式的相关参数进行设置，如下左图所示。

步骤 10 然后对"颜色叠加"样式的相关参数进行设置，如下右图所示。

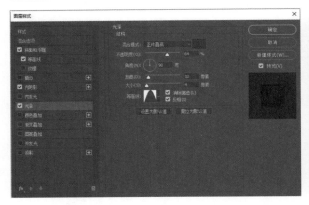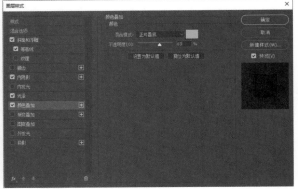

步骤 11 对"渐变叠加"样式的相关参数进行设置后，单击"渐变"右侧的色块，如下左图所示。

步骤 12 在打开的"渐变编辑器"对话框中设置渐变的颜色后，单击"确定"按纽，如下右图所示。

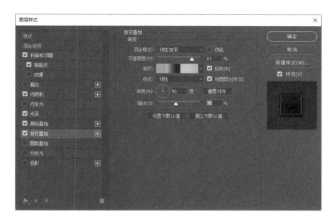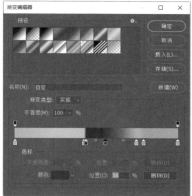

步骤13 至此，金属文字制作完成，最终效果如右图所示。

3.4 选区的建立

在对图像进行处理时，如果需要对图像的局部进行编辑，就需要将该部分框选起来创建为选区。选区可以将图层中部分内容隔离出来单独处理，也可以分离图层，即所谓的抠图。选区的创建有多种方法，本节将对创建选区的相关工具进行详细讲解。

3.4.1 选框工具

在Photoshop中，如果需要创建一个规则的选区，如矩形、圆形等，可以在工具箱中选择相应的选框工具，如下左图所示。然后直接在图像中拖曳绘制一个规则的选区，如下右图所示。

3.4.2 套索工具

在图像编辑过程中，若需要创建不规则的选区，可以使用套索工具。套索工具的原理是基于色调的差异进行图像的选取。在工具箱中选择磁性套索工具，如下左图所示。磁性套索工具可以根据主物体和背景之间的色彩差异，贴着主物体的轮廓自动创建选区边缘，如下右图所示。

提示：套索工具的切换

在使用磁性套索工具时，如果需要切换为套索工具，则按住Alt键同时按住鼠标左键不放即可。若释放鼠标左键，可切换为多边形套索工具。

3.4.3 魔棒工具

魔棒工具和套索工具的原理相同，区别在于魔棒工具框选出来的区域更加细致，使用魔棒工具可以创建选区而不是选区边缘点。在工具箱中选择快速选择工具，如下左图所示。然后将光标移动到需要创建选区的位置并单击，即可快速框选出需要进行独立处理的部分，如下右图所示。

3.4.4 钢笔工具

钢笔工具可以创建更加细致的选区，如毛发、衣角等细节部分。在工具箱中选择钢笔工具，如下左图所示。使用钢笔工具沿着主体建立锚点，如下右图所示。

闭合锚点之后右击，在弹出的快捷菜单中选择"建立选区"命令，如下左图所示。之后会弹出"建立选区"对话框，进行参数设置并单击"确定"按纽，即可建立选区，如下右图所示。

3.5 选区的基本操作

在了解如何创建选区之后，本节将对选区的基础操作进行讲解，如选区的移动、复制、羽化和反选等。在学习本节内容之后，用户将可以进行选区的独立处理或者将选区内容抠取出来。

3.5.1 选区的移动

创建选区时，保持工具箱中的选区创建工具不变，按住鼠标左键并进行拖曳即可，如下左图所示。建立选区后，若要移动选区，首先需要在工具箱中选择移动工具，然后按住鼠标左键进行移动，如下右图所示。

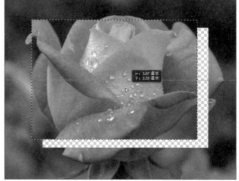

3.5.2 选区的拷贝和剪切

选区的拷贝就是对选区执行复制操作，在菜单栏中执行"图层>新建>通过拷贝的图层"命令或者按下Ctrl+J组合键，如下左图所示。可以在"图层"面板中看到选区已经被拷贝出来，如下右图所示。

剪切选区就是将选区从原图像中抠取出来。在菜单栏中执行"图层>新建>通过剪切的图层"命令或者按下Ctrl+Shift+J组合键，如下左图所示。可以在"图层"面板中看到选区已经被剪切出来，如下右图所示。

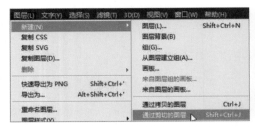

3.5.3　选区的羽化

对选区进行羽化操作就是对选区的边缘进行模糊化处理。创建选区后，执行"选择>修改>羽化"命令，如下左图所示。在弹出的"羽化选区"对话框中对"羽化半径"值进行设置，如下右图所示。羽化值越大，模糊范围越大。

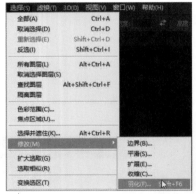

将羽化的选区从原图像中扣取出来，对比效果如下图所示。

3.5.4　选区的反选

当区域边缘比较难区分时，可以采用抠选主体之外的部分，然后反选的方法来进行选区的选择。在菜单栏中执行"选择>反选"命令，如下左图所示。即可反转选区，选区内容会变成主体部分，如下右图所示。

 知识延伸：中性色图层

　　中性色图层是一个过渡图层，可用于修饰图像或添加滤镜，所有操作不会破坏其他图层上的像素。在 Photoshop中黑色、白色和50%灰色的图层称为中性色图层，加到图层之后，在特定模式下，不会对图层产生影响。在"图层"面板中添加了中性色图层，如下左图所示。修改特殊模式之后，中性色图层不可见，如下右图所示。

上机实训：制作证件照

　　除了在纸质档案中需要用到证件照外，电子档案中有时也需要用到。本案例介绍如何从照片中抠取人物来制作证件照的方法，具体操作方法如下。

步骤 01 在菜单栏中执行"文件>打开"命令，如下左图所示。

步骤 02 在弹出的"打开"对话框中选择需要打开的图像，单击"确定"按纽，如下右图所示。

步骤 03 在工具箱中选择裁剪工具，对图像进行裁剪，如下左图所示。

步骤 04 大致裁剪出人物的上半身，效果如下右图所示。

步骤 05 执行"文件>新建"命令，在打开的"新建文档"对话框中设置新建文档的参数，如下左图所示。

步骤 06 跨文档移动人物图像，并按比例自由变换并适当调整大小，如下右图所示。

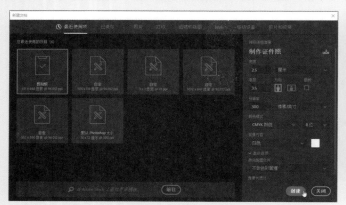

步骤 07 在工具箱中选择钢笔工具，沿着人像创建锚点，如下左图所示。

步骤 08 完成锚点创建后右击，在弹出的快捷菜单中选择"建立选区"命令，如下中图所示。

步骤 09 在弹出的"建立选区"对话框中进行参数设置，单击"确定"按纽，即可看到新建的选区，如下右图所示。

步骤 10 在菜单栏中执行"图层>新建>通过剪切的形状图层"命令，如右图所示。

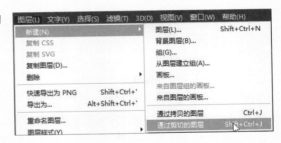

步骤 11 在"图层"面板中可以看到人像主体已经和整体分离开，如下左图所示。

步骤 12 删除人像主体和背景之外的两个图层，如下右图所示。

步骤 13 在工具箱中双击设置前景色工具，如下左图所示。

步骤 14 在弹出的"拾色器（前景色）"对话框中进行参数设置，如下右图所示。

步骤 15 在工具箱中选择油漆桶工具，如下左图所示。

步骤 16 在图像的空白处单击，即可为图层添加底色，证件照制作完成，效果如下右图所示。

课后练习

1. 选择题

（1）图层的顺序由（　　）决定。

　　A. 图层的名称　　　　　　　　　　　　B. 图层的类型

　　C. 图层在图像上的位置　　　　　　　　D. 图层的大小

（2）（　　）模式可以增加图像的对比度。

　　A. 叠加模式　　　　　　　　　　　　　B. 变暗模式

　　C. 变亮模式　　　　　　　　　　　　　D. 差值模式

（3）在菜单栏中执行"图层>新建>通过剪切的图层"命令或者按下（　　）组合键，可剪切选区。

　　A. Ctrl+J　　　　　　　　　　　　　　B. Shift+J

　　C. Alt+Shift+J　　　　　　　　　　　　D. Ctrl+Shift+J

2. 填空题

（1）"描边样式"可以使用＿＿＿＿＿、＿＿＿＿＿、＿＿＿＿＿进行描边。

（2）选框建立选区之后＿＿＿＿＿直接移动（填可以/不可以）。

（3）使用钢笔工具建立闭合路径并右击，在快捷菜单中选择"＿＿＿＿＿"命令，在打开的对话框中设置相关参数并单击"确定"按纽，即可创建选区。

（4）羽化的作用是＿＿＿＿＿。

3. 上机题

　　运用光盘中的素材文件制作水晶文字效果，具体操作参照正文中金属文字效果的制作方法，制作完成后的效果如下图所示。

Chapter 04　文字与形状

本章概述

文字是设计作品时使用最多的元素之一，不但起解释说明的作用，还可以美化版面、强调主题。本章将介绍文字工具、钢笔工具和形状工具3种矢量图形创建工具的应用，熟练掌握这些工具，可以制作出更加精美的作品。

核心知识点

❶ 了解文本的创建
❷ 熟悉文本格式的设置
❸ 熟悉矢量图形的绘制
❹ 掌握矢量图形的编辑

4.1　文字的创建和编辑

在Photoshop中，文字不仅可以直观地表达图像的内容，还兼具了设计元素的职能。通过应用文字达到渲染人们情感的作用，在图像上添加文字的效果如下图所示。

4.1.1　创建基础文字

在使用Photoshop进行平面设计时，文字是不可或缺的元素。在工具箱的文本工具组中，默认选择的是横排文字工具。右击横排文字工具，在弹出的列表中选择相应的文字工具选项，如下左图所示。然后在画布上拖曳绘制文本框，然后输入文字即可，如下右图所示。

4.1.2 创建变形文字

创建文本后，用户还可以对文字进行变形处理。首先在"图层"面板中选择需要变形的文字，然后在工具箱中选择文本工具，接着在属性栏中单击"创建文字变形"按钮，如下图所示。

在"变形文字"对话框中，单击"样式"下三角按钮，下拉列表中包含10多种变形样式，如下左图所示。这里选中"扇形"样式选项，其他参数保持为默认，单击"确定"按钮，效果如下右图所示。

4.1.3 创建路径文字

在Photoshop中，除了可以在空白画布和图像上直接创建文字外，还可以在路径上创建路径文字。首先使用钢笔工具或者形状工具绘制路径，然后在工具箱中选择文本工具，将光标移动到路径上，光标将变成下左图所示的形状。单击鼠标左键并输入文字，即可创建路径文字，如下右图所示。

4.1.4　栅格化文字

在Photoshop中，创建的文字不能被文字编辑工具之外的工具编辑，如画笔工具、滤镜等。在执行这些操作时，会发现相关的选项是灰色的，这时就需要对文字进行栅格化处理。在"图层"面板中选择文字图层并右击，在弹出的快捷菜单中选择"栅格化文字"命令，如下左图所示。操作完成后，在"图层"面板中可见文字图层变成了图像图层，如下右图所示。此时可对栅格化之后的文字进行图像编辑操作，但是文本内容无法修改。

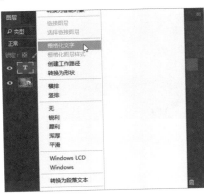 

4.2　文字格式的设置

在Photoshop 中，用户可以根据需要创建横排和竖排两种文字，然后运用软件中的编辑工具对文字的格式进行修改。本节将介绍"字符"面板和"段落"面板的使用方法。

4.2.1　字符格式的设置

字符格式的设置主要是在"字符"面板中进行的，在菜单栏中执行"窗口>字符"命令，如下左图所示。打开"字符"面板，如下右图所示。在"字符"面板中用户可以根据需要对文本的字体、颜色、描边、字间距等格式进行设置。

 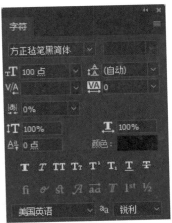

> **提示：设置特殊字体样式**
>
> 在"字符"面板下方有一排T字形状的按钮，可创建特殊的字体样式，如仿粗体、仿斜体以及为字符添加下划线或删除线等。

4.2.2 段落格式的设置

段落格式设置主要是在"段落"面板中进行的，也可以对段落文本进行格式化处理，使文本根据需要进行编排。在菜单栏中执行"窗口>段落"命令，如下左图所示。打开"段落"面板，用户可以对段落的对齐方式以及段落的开头方式等进行设置，如下右图所示。

实战练习 户型图页面设计

学习了文字工具的相关操作后，下面将以制作房地产DM单页的户型图为例，对所学知识进行综合应用。本案例将用到矩形工具、文字工具等，具体操作方法如下。

步骤01 首先执行"文件>新建"命令，在打开的"新建文档"对话框中，选择A4文档，设置分辨率为100像素，文档名称为"户型图"，单击"创建"按钮，如下左图所示。

步骤02 单击工具箱中的设置前景色工具，在弹出的"拾色器（前景色）"对话框中设置文档的前景色为#a9ce1f，按下Alt+Delete组合键填充背景颜色，如下右图所示。

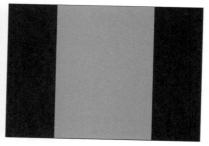

步骤03 执行"文件>置入嵌入的智能对象"命令，在打开的对话框中分别置入"两室户型.jpg"和Logo.jpg文件，如下左图所示。

步骤04 调整Logo大小为原图的60%，移动到户型图的右上角，如下右图所示。

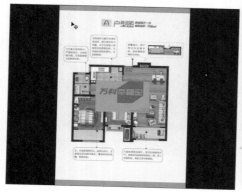

步骤 05 利用矩形选框工具和魔棒工具抠出户型图，并调整方向及位置，如下左图所示。

步骤 06 为Logo图层添加图层蒙版，利用魔棒工具和矩形选框工具选择图层中大面积浅黄绿色，填充前景色为黑色并隐藏，如下右图所示。

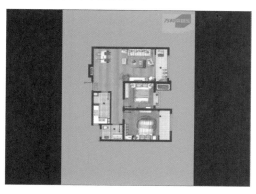 

步骤 07 使用横排文字工具输入文字，设置英文字体为Bodoni MT，中文字体为黑体，调整文字位置，如下左图所示。

步骤 08 选择矩形工具，绘制宽为1像素、高为90像素的矩形，设置填充颜色为黑色。选择椭圆工具，按住Shift键绘制直径为40像素的圆形，填充颜色为#031b40，调整其位置，如下右图所示。

 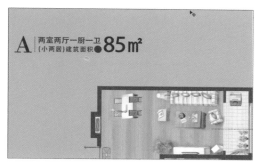

步骤 09 使用横排文字工具输入"约"文字，设置字体为华文细黑，颜色为白色，并和步骤08创建的圆形进行水平垂直居中对齐，如下左图所示。

步骤 10 执行"文件>置入嵌入的智能对象"命令，再次置入"两室户型.jpg"文件，如下右图所示。

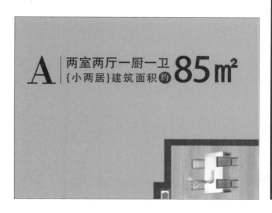 

步骤11 输入置入文件的文字内容，并设置字体和段落样式。执行"文件>置入嵌入的智能对象"命令，置入"入户门.jpg"文件并调整位置，如下左图所示。

步骤12 选择矩形工具，画出适应文字范围无填充的矩形，设置"描边"为"1像素"、颜色为黑色。选择文字工具，输入点虚线并调节大小及位置，如下右图所示。

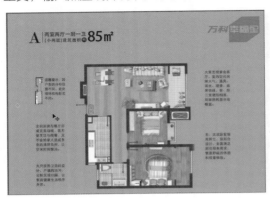 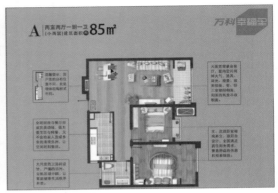

步骤13 执行"文件>置入嵌入的智能对象"命令，置入"指北针.jpg"文件，并抠出指北针，然后输入"北"文字，调整大小及位置，如下左图所示。

步骤14 执行"文件>置入嵌入的智能对象"命令，置入"户型位置图.jpg"文件，设置图层的混合模式为"变暗"，调整大小及位置，如下右图所示。

 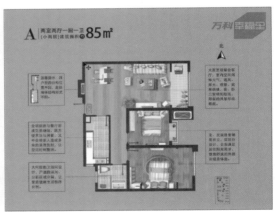

步骤15 选择矩形工具，绘制长为2100像素、宽为880像素的矩形，填充颜色为#101729，如下左图所示。

步骤16 双击该图层，打开"图层样式"对话框，添加投影效果，如下右图所示。

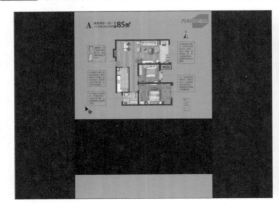 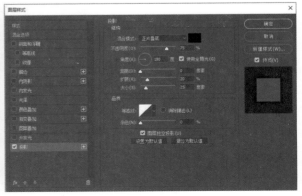

步骤 17 使用横排文字工具，输入相应的文字，调节字符样式和大小。选中输入的文字和矩形图层，执行"图层>对齐>水平居中"命令，如下左图所示。

步骤 18 执行"文件>置入嵌入的智能对象"命令，置入"万科Logo新.jpg"文件，按住Ctrl键的同时选中图层缩览图，执行复制和粘贴操作，使其变为可编辑图层，如下右图所示。

步骤 19 选择魔棒工具，在其属性栏中设置"容差"值为20，勾选"连续"复选框，然后选中"万科LOGO新"图层中白色区域并删除，只留下Logo部分，如下左图所示。

步骤 20 使用矩形工具绘制矩形，设置填充颜色为#101729、无描边、宽度为1像素、高度为200像素。按住Ctrl键的同时选中"万科LOGO新"图层，设置垂直居中对齐，如下右图所示。

 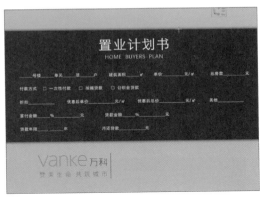

步骤 21 执行"文件>置入嵌入的智能对象"命令，置入"电话图标.jpg"文件。使用魔棒工具，选中图层中白色电话区域，执行复制和粘贴操作，新建"电话"图层，如下左图所示。

步骤 22 选择椭圆工具，按住Shift键的同时绘制圆形，设置填充颜色为#031b40，无描边，宽度和高度均为100像素。同时选中"电话"图层，设置水平垂直居中对齐，如下右图所示。

 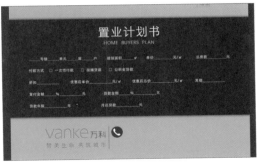

步骤23 使用横排文字工具，输入VIP、LINE和88681168文本，在"字符"面板中分别设置文字的字体、字号和颜色，然后适当调整文字的位置，如下左图所示。

步骤24 使用横排文字工具，输入项目地址和开发商信息，然后设置文字效果。至此，户型图制作完成，最终效果如下右图所示。

4.3　矢量形状的创建

在Photoshop中有3种矢量工具，除了上面介绍的文本工具外，还有钢笔工具和各种形状工具。下面将对钢笔工具和各种形状工具的应用进行详细讲解。

4.3.1　钢笔工具

使用钢笔工具创建的形状相对于其他矢量形状工具更自由。在工具箱中选择钢笔工具，如下左图所示。然后在属性栏中选择工具模式为"形状"，如下右图所示。接下来就可以在画布上自由绘制形状了。

提示：贝塞尔曲线

从严格意义上说，钢笔工具绘制的曲线应该称作贝塞尔曲线，原理是在锚点上添加两个控制柄，然后调整任意一个控制柄时，另外一个始终与它保持直线并与曲线相切，这使得绘制的曲线易于控制和修改。

实战练习 制作立体背景效果

在进行平面效果设计时，一些简单的形状，如三角形、长方形等也可以制作出精美的立体效果，下面介绍使用钢笔工具绘制立体背景效果的操作方法。

步骤 01 执行"文件>新建"命令，在"新建文档"对话框中设置相应的参数，如下左图所示。

步骤 02 选择钢笔工具，并在属性栏中设置描边的颜色，如下右图所示。

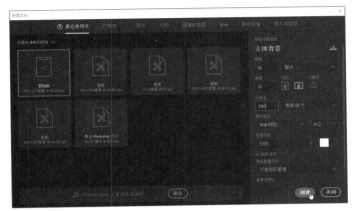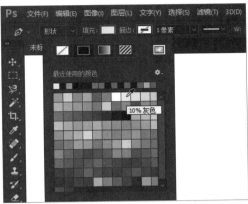

步骤 03 绘制第1个三角形，并填充颜色为浅灰色，如下左图所示。

步骤 04 接下来绘制第2个三角形并填充颜色为#e5e5e5，效果如下右图所示。

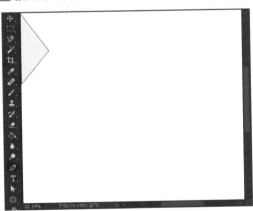

步骤 05 然后绘制第3个和第4个三角形，填充颜色分别为#dcdcdc和#d2d2d2，如下左图所示。

步骤 06 按照相同的方法逐次绘制三角形，并填充颜色，最终效果如下右图所示。

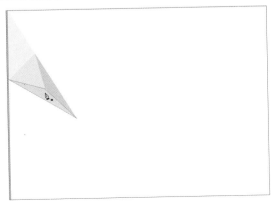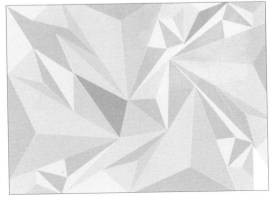

4.3.2　形状工具

要使用矢量形状工具创建形状，首先在工具箱中选择所需的矢量形状工具，即右击矩形工具，在列表中选择需要的工具，如下左图所示。然后在属性栏中设置创建类型为"形状"，如下右图所示。

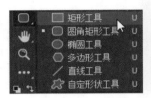

4.4　形状的编辑

形状创建完成后，用户可以对其进行编辑操作，如填充、描边、变形等。通过本节知识学习，用户可以熟练使用形状工具制作完美的作品。

4.4.1　形状的基础操作

无论是钢笔工具还是矢量形状工具创建的形状，在属性栏中均可以对形状进行属性设置，如形状的填充、描边等，如下图所示。

形状的填充方式有多种，包括无填充、纯色填充、渐变填充和图案填充，用户根据需要选择填充方式，如下左图所示。描边分为无描边、纯色描边、渐变描边和图案描边，同时也可以对描边的粗细进行设置，如下右图所示。描边的粗细根据像素的大小进行设置，像素越小描边越细，反之亦然。

4.4.2　形状的变形

形状的变形操作与图像的变形相同，都是执行自由变换命令。在菜单栏中执行"编辑>自由变换"命令，如下左图所示。在对应的形状上会出现定界边框，然后拖曳控制点即可实现变形操作，如下右图所示。

4.4.3　将形状转换为路径

当需要将形状转化为路径时，可以在工具箱中选择创建形状的工具，然后在属性栏中修改创建形状的类型为"路径"，如下左图所示。此时光标会变成如下右图所示图案。

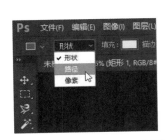 

提示：绘制五角星

绘制五角星主要是使用多边形工具，在工具箱中选择多边形工具，在属性栏中设置"边"为5，单击"边"左侧下拉按钮，在打开的面板中勾选"星形"复选框，如右图所示。然后在文档窗口中单击并按住鼠标左键进行绘制即可。

 知识延伸：载入预设形状

在创建形状时，选择工具箱中矢量形状工具组中的自定形状工具，如下左图所示。然后在图像中右击，在弹出的面板中选择合适的自定义形状，如下右图所示。然后在图像上按住鼠标左键进行拖动，即可绘制选择的图形。

 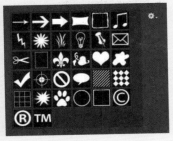

选择自定义形状工具并在文档中右击，在弹出的面板中单击右上角的下拉按钮，在打开的列表中选择"载入形状"选项，如下左图所示。在弹出的"载入"对话框中选择需要的文件，如下右图所示。

单击"载入"按钮，在打开的面板中可以看到载入的形状，如下左图所示。选择合适的形状即可在图像中创建自定义形状，如下右图所示。

上机实训：制作粉红小铺代金券

粉色小铺即将开业了，开业庆典会有一些折扣活动，现在需要按照顾客提供的一些素材和要求，为粉色小铺设计一个开业使用的现金抵用券，具体操作方法如下。

步骤01 首先设计一个粉色小铺的店铺Logo，新建文档，命名为"粉色小铺标志"，其参数设置如下左图所示。

步骤02 设置前景色为粉色，使用横排文字工具输入"粉色小铺"文本，填充为粉色，色值为C：0、M：22、Y：0、K：0，如下右图所示。

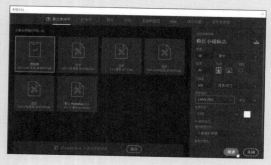

步骤 03 首先把"粉"的字号设为180，把"小"字的字号设为95，"色"和"铺"字号设为126，设计出层次感，效果如下左图所示。

步骤 04 新建图层，使用矩形工具绘制线条并填充相应的颜色，之后再复制刚绘制的线条，效果如下右图所示。

> **提示：创意分析**
>
> 粉色小铺设计为粉色系列，会让大部分女生非常喜欢，所以制作小铺的代金券以粉色为基础色来设计，同时使用对比强烈的颜色来凸显文字。

步骤 05 之后调整线条的位置，使线条和文字之间更加搭配，按下Ctrl+T组合键变换角度，调整复制好的图层，如下左图所示。

步骤 06 接下来对线条进行变换，首先按下Ctrl+T组合键，选中线条并按住鼠标左键进行拖曳，使线条有的粗一些，有的细一些，格局分明，效果如下右图所示。

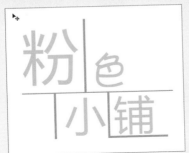 

步骤 07 选中"色"和"小"文字，设置前景色为C：8、M：76、Y：55、K：0，效果如下左图所示。

步骤 08 在"图层"面板中选中"色"图层，单击"添加图层样式"下三角按钮，在下拉列表中选择"渐变叠加"选项，在打开"图层样式"对话框中单击渐变透明条，打开"渐变编辑器"对话框，设置相关参数，如下右图所示。

步骤 09 至此Logo设计完成，线条和文字组合，文字颜色深浅分明，线条粗细分明，每一个字像有一个独立的空间，符合格子铺的理念，如下左图所示。

步骤 10 新建文档，设置名称为"粉色小铺代金券"，其他参数设置如下右图所示。

 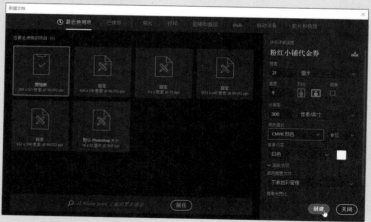

步骤 11 新建图层并设置前景色为粉红色，按下Alt+Delete组合键填充颜色，如下左图所示。

步骤 12 新建图层，使用矩形工具绘制矩形，然后按下Alt+Delete组合键填充白色，按下Ctrl+D组合键确定操作，设置"图层1"和"背景"图层的对齐方式为居中和水平对齐，如下右图所示。

步骤 13 右击"素材1.jpg"对应的图层，在快捷菜单中选择"栅格化图层"命令，使用矩形选框工具选中需要的粉色桃花部分，如下左图所示。

步骤 14 按下Shift+F6组合键，在打开的"羽化选区"对话框中设置羽化值为100，然后按下Ctrl+Shift+I组合键进行反选，按下Delete键删除多余部分，效果如下右图所示。

步骤 15 选中桃花图层并复制，然后执行"编辑>变换>水平翻转"命令，调整复制的桃花背景位置，四周留白，效果如下左图所示。

步骤 16 新建图层，选择椭圆选框工具，在属性栏中设置"样式"为"固定大小"，"宽度"和"高度"值均为5，绘制图形并填充白色，然后按下Ctrl+D组合键确认填充操作，效果如下右图所示。

步骤 17 把设计好的标志图层全选并创建链接，然后直接拖至代金券中并放置在设计好的圆形中，调整好位置，效果如下左图所示。

步骤 18 新建图层，使用椭圆选框工具绘制一个比白色圆形大点的圆形，执行"编辑>描边"命令，设置描边为10像素，如下右图所示。

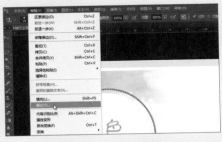

步骤 19 把花朵素材拖至文档中，适当缩小并调整好位置，栅格化花朵图层。使用魔棒工具选中白色不需要部分，按下Shift+F6组合键，在打开的对话框中设置羽化值为5像素。按照同样的方法对其余两朵花执行羽化操作，最终效果如下左图所示。

步骤 20 使用横排文字工具输入文字，设置"三月三日"和"粉色购"字体为仿宋，"开业酬宾"字体为方正特粗光辉简体，颜色为C：4、M：96、Y：55、K：0，如下右图所示。

步骤 21 使用矩形选框工具在代金券右侧绘制一个5*9cm的矩形，按下Ctrl+R组合键拉出参考线，作为标记，如下左图所示。

步骤 22 使用直排文字工具输入破折号，破折号字号为15，虚线为印刷压线点，如下右图所示。

步骤 23 然后为文字设置渐变效果，粉色为C：0、M：73、Y：17、K：0，橙色为C：0、M：53、Y：52、K：0，效果如下左图所示。

步骤 24 接着输入"全场满200元用此券抵用50元"文本，在文字的下面使用矩形选框工具绘制矩形，填充颜色为C：0、M：54、Y：29、K：0，凸显文字，效果如下右图所示。

步骤 25 使用椭圆选框工具绘制圆形，按下Alt+Delete组合键填充白色。按住Alt键拖曳圆形，复制出5个相同的圆形，设置描边效果，颜色值为C：0、M：63、Y：40、K：0，如下左图所示。

步骤 26 使用横排文字工具在5个圆形中输入所需文字，并设置字体格式，文字尽量放在圆形上方，因为还需要输入其他文字，如下右图所示。

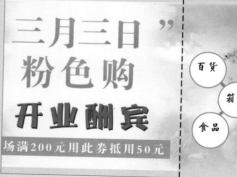
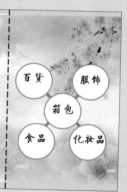

步骤 27 继续输入"贴纸"文字，在圆形下面使用矩形工具绘制一个长方形，按下Alt+Delete组合键填充白色，输入"编号：0001"文字，效果如下左图所示。

步骤 28 使用横排文字工具，继续输入所需内容，设置文字颜色为C：0、M：0、Y：0、K：100；设置下面的文字，颜色为C：4、M：76、Y：20、K：0，如下右图所示。

步骤29 输入文字后，发现因为有花朵背景，所以文字看不清，则新建图层，绘制矩形选框，按下Alt+Delete组合键填充淡蓝色，按下Ctrl+D组合键确定填充，颜色参数设置如下左图所示。

步骤30 接下来将设计代金券的反面，尺寸和正面一致，按下Alt+Delete组合键填充粉色，按下Ctrl+D组合键确认填充，颜色参数设置如下右图所示。

步骤31 然后使用矩形选框工具在代金券左侧绘制5*9cm的矩形区域，这部分要与正面的虚线框的位置一致，按下Ctrl+R组合键拉取参考线，作为标记，如下左图所示。

步骤32 新建图层，使用矩形选框工具绘制矩形，执行"编辑>描边"命令，设置描边为15像素，填充描边颜色为白色，效果如下右图所示。

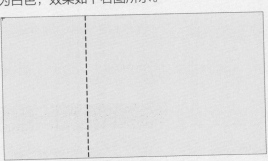

步骤33 然后输入使用说明文字，设置"使用说明"文本的颜色为C：0、M：0、Y：0、K：100；黑色文字颜色设置为C：0、M：0、Y：0、K：100，效果如下左图所示。

步骤34 置入商铺素材，选中该图层并进行栅格化操作，把图片调整到合适的大小和位置，效果如下右图所示。

步骤35 接下来需要把商铺变成粉色小铺，选中图层，设置图层模式为"颜色加深"，如下左图所示。

步骤36 使用矩形选框工具绘制英文部位大小的矩形，使用颜色选取工具吸取颜色，并按下Alt+Delete组合键填充颜色，按下Ctrl+D组合键确认填充，效果如下右图所示。

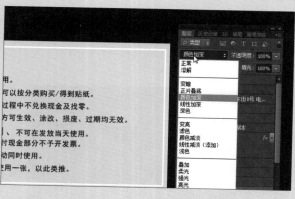 

步骤 37 在填充的部位使用横排文字工具输入"粉色小铺"文本，字体为宋体。然后再输入"赠券"、"地址"、"电话"以及"编号"等文字，并设置字体格式，效果如下左图所示。

步骤 38 制作出代金券的整体模板后，下面再添加一些元素。首先使用文本工具输入LOVE文本，把字母O拆开，并设置填充颜色，色值参数如下右图所示。

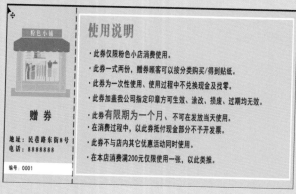 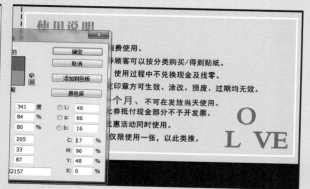

步骤 39 按下Ctrl+T组合键，对字母O执行旋转操作，设置旋转角度为30度，与其他字母进行组合，选中4个字母按住Alt键缩进距离，最终效果如右图所示。

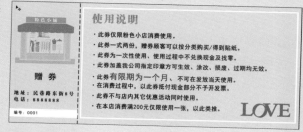

步骤 40 至此，粉红小铺代金券的正反面制作完成，最终效果如下图所示。

课后练习

1. 选择题

（1）在"变形文字"对话框中下列属于文字样式的是（　　）。

    A. 扇形　　　　　　　　　　B. 挤压

    C. 花冠　　　　　　　　　　D. 以上都是

（2）创建完文字后，如果需要进行滤镜处理，需先对文字执行（　　）操作。

    A. 栅格化　　　　　　　　　B. 转换为选区

    C. 转换为路径　　　　　　　D. 滤镜

（3）Photoshop中提供3种矢量工具，分别为（　　）（多选）。

    A. 铅笔工具　　　　　　　　B. 形状工具

    C. 文字工具　　　　　　　　D. 钢笔工具

（4）按下（　　）组合键可执行自由变换作。

    A. Shift+T　　　　　　　　B. Ctrl+T

    C. Shift+Z　　　　　　　　D. Ctrl+Z

2. 填空题

（1）当需要对创建的文字执行变形操作时，则选中文本工具，接着在属性栏中单击_____按钮，即可在打开的对话框中进行设置。

（2）执行菜单栏中的_____命令，可以打开"段落"面板。

（3）在Photoshop中，常用的形状工具有_____、_____、_____等。

3. 上机题

    载入光盘中提供的预设形状后，用户可以尝试使用预设形状来丰富画面，参照下图效果。

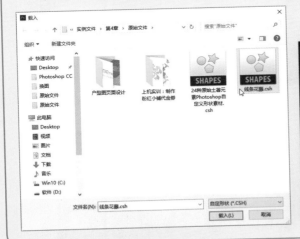 

Chapter 05 图像色彩调整

本章概述

图像色彩处理是平面设计中必不可少的操作，Photoshop提供了很多色彩处理的工具，可以制作出各种或现实或唯美的作品。本章主要介绍图像的色彩模式以及各种颜色调整功能，用户学完之后可以对颜色有更高层次的认识和控制能力。

核心知识点

❶ 了解图像模式知识
❷ 掌握色彩调整命令的应用
❸ 掌握图像效果调整功能的应用
❹ 熟练地对图像色彩进行编辑

5.1 色彩模式

Photoshop提供了多种色彩模式供用户选择，色彩模式决定了图像在显示设备和打印设备上处理颜色的方法，在Photoshop中打开图像时，默认的色彩模式为RGB模式。本节将对如何调整图像颜色模式进行详细讲解。

5.1.1 灰度模式

灰度模式是一种单色的色彩模式，将图像调整为灰度模式后，Photoshop可以使用多达256级灰度来表现图像，使图像的过渡更平滑细腻。在菜单栏中执行"图像>模式>灰度"命令，如下左图所示。在弹出的提示对话框中单击"扔掉"按钮，如下右图所示。

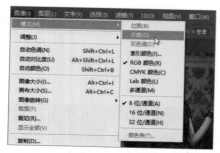

完成上述操作之后，可以看到RGB色彩模式与灰度模式图片的效果对比，如下图所示。

5.1.2　位图模式

位图模式图像也叫黑白图像，仅有纯黑和纯白两种颜色，一般用于制作单色图像。将图像调整为位图模式前，需要先将图像调整为灰度模式，然后在菜单栏中执行"图像>模式>位图"命令，如下左图所示。在弹出的"位图"对话框中对图像的输出分辨率和转换方式进行设置，如下右图所示。

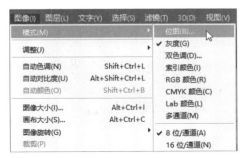

由于位图模式只用黑白色来表示图像的像素，在将图像转换为位图模式时，会丢失大量的细节。将RGB图像转换为位图图像的对比效果，如下图所示。

> **提示：图像虚化的原因**
>
> 经过多次传播或多次压缩之后，图像会变虚，这是因为在Photoshop中无法生成新的像素，在传播、压缩之后丢失的像素无法复原的，这是一个不可逆的过程，所以在图像的编辑传播中尽量以原图的形式进行传播。

5.1.3　双色调模式

双色调模式可以通过曲线来对颜色中的油墨进行设置，和单色调相比，双色调的细节更加细腻，同时也可以增加到三色调和四色调。和位图模式一样，双色调模式需要先将图像转换为灰度模式，然后在菜单栏中执行"图像>模式>双色调"命令，如下左图所示。在弹出的"双色调选项"对话框中进行参数设置，如下右图所示。

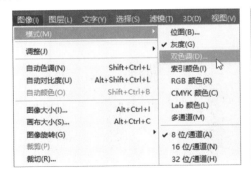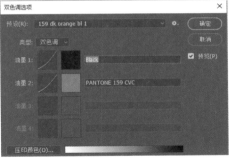

将图像转换为双色调模式后，可以使用尽量少的颜色表现尽量多的颜色层次，这对于降低印刷成本很重要。因为在印刷时，每增加一种色调都需要更大的成本。将图像转换为双色调模式的对比效果，如下图所示。

5.1.4 索引模式

使用256种常用颜色或者更少的颜色来代替正常全彩图像中上百万颜色的过程称为索引，GIF格式的图像一般默认模式为索引模式。在菜单栏中执行"图像>模式>索引颜色"命令，如下左图所示。然后在弹出的"索引颜色"对话框中进行参数设置，如下右图所示。

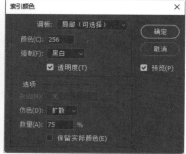

5.1.5 RGB模式

RGB颜色模式是一种基本的、使用最广泛的颜色模式，是基于红（Red）、绿（Green）和蓝（Blue）三原色原理。这三种颜色每种都具有256种亮度，进行混合之后RGB颜色模式理论上约有1670多万种颜色，也就是真彩色。所有显示器、投影仪或电视机等设备，都是依赖于RGB颜色模式来实现的。

在大多数情况下，只要不是特殊要求，RGB模式都应该是首选和优选，因为在RGB模式下，可以使用Photoshop的所有工具和命令，而其他模式则会或多或少受到限制。但是RGB颜色模式不能用于打印，因为其所提供的有些色彩已经超出了打印的范围，在打印一幅真彩图像时，会损失一部分细节。在菜单栏中执行"图像>模式>RGB颜色"命令，如下左图所示。一般而言，大多数被捕捉的图像都是RGB模式，如下右图所示。

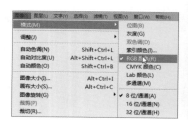

5.1.6　CMYK模式

　　CMYK颜色模式是一种基于印刷处理的模式，其中四个字母分别指青（Cyan）、洋红（Magenta）、黄（Yellow）、黑（Black），在印刷中代表四种颜色的油墨。CMYK颜色模式与RGB颜色模式本质上没有什么区别，只是产生色彩的原理不同，RGB颜色模式是由光源发出的色光混合生成，而在CMYK颜色模式则是由光线照到有不同比例C、M、Y、K油墨的纸上，部分光谱被吸收后反射到人眼光产生的颜色。

　　由于C、M、Y、K在混合成色时，随着C、M、Y、K四种成分的增多，反射到人眼的光会减少，光线的亮度会越来越低，所以CMYK模式产生颜色的方法又称为色光减色法。CMYK颜色模式下的"颜色"面板如下图所示。

5.1.7　Lab模式

　　Lab颜色模式由三个通道组成，一个通道是亮度，即L。另外两个是色彩通道，分别用a和b来表示。Lab颜色模式是一种过渡模式，如在将RGB模式转化为CMYK模式时，会先将图像转换为Lab模式，因此Lab模式的色域相对比而言最广。Lab颜色模式下的"颜色"面板如下图所示。

5.1.8　多通道模式

　　多通道颜色模式的图像在每个通道中包含256个灰阶，也是一种减色模式，一般用于特殊打印。在菜单栏中执行"图像>模式>多通道"命令，如下左图所示。在"通道"面板中可以看到图像变成了由青色、洋红和黄色3个通道组成的图像，如下右图所示。

将RGB颜色模式的图像设置为多通道颜色的对比效果，如下图所示。

5.2 快速调整图像颜色

快速调整图像颜色功能包括自动色调、自动对比度和自动颜色3种，一般提供给对Photoshop中图像颜色调整命令不熟悉的初学者使用，也适用于一些改动不大的图像的色彩调整。使用这些自动图像调整命令，可以快速完成对图像色彩的调整，本节将分别进行介绍。

5.2.1 "自动对比度"命令

"自动对比度"命令可以自动调整图像色彩的对比度，调整后高光区域变亮，阴影区域会变暗。在菜单栏中执行"图像>自动对比度"命令或按下Ctrl+Shift+Alt+L组合键，如下图所示。

对图像执行"自动对比度"命令前后的效果对比，如下图所示。

提示：关于色偏

色偏是指图像颜色平衡遭到破坏，在使用"自动对比度"命令对图像进行调整时，它不会调整图像的颜色通道，只调整图像的色调，因此不会改变色彩平衡，所以不会产生色偏。"自动对比度"命令可以改进彩色图像的外观，但是无法改善单色图像。

5.2.2 "自动色调"命令

使用"自动色调"命令可以自动调整图像中的黑场和白场，并相应地将图像中最亮和最暗的像素映射到纯白和纯黑的程度，使图像更加清晰、自然。在菜单栏中执行"图像>自动色调"命令或按下Ctrl+Shift+L组合键，如下图所示。

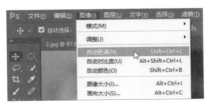

执行"自动色调"命令后，Photoshop则自动通过搜索实际图像来调整明暗度，使图像达到一种协调的状态，效果对比如下图所示。

5.2.3 "自动颜色"命令

使用"自动颜色"命令可以通过对图像中的阴影、中间调和高光进行搜索，进而调整图像的对比度和颜色。在菜单栏中执行"图像>自动颜色"命令或按下Ctrl+Shift+B组合键，如下图所示。

对图像执行"自动颜色"命令后的对比效果，如下图所示。

实战练习 调整人物图像的颜色模式

通过对上述内容的学习，我们了解了关于图像颜色模式的相关知识，下面介绍为人物图像应用不同的颜色模式，从而达到不同图像效果。

步骤 01 在菜单栏中执行"文件>打开"命令，在弹出的"打开"对话框中选择所需的人物素材，单击"打开"按钮，如下左图所示。

步骤 02 然后在菜单栏中执行"图像>模式>灰度"命令，在弹出的信息提示框中单击"扔掉"按钮，如下右图所示。

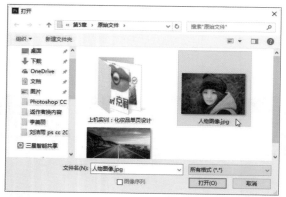 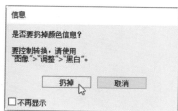

步骤 03 在文档窗口中可以看到图像已经变成了黑白颜色，如下左图所示。

步骤 04 接下来在菜单栏中执行"图像>模式>双色调"命令，如下右图所示。

步骤 05 在弹出的"双色调选项"对话框中进行参数设置后，单击"确定"按钮，如下左图所示。

步骤 06 在文档窗口中查看修改图像颜色模式为双色调的效果，如下右图所示。

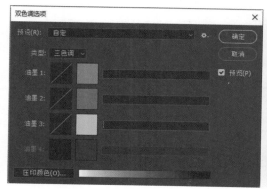 

5.3 颜色调整命令

色彩有数百万种，它们真实地记录大千世界的颜色，在Photoshop中对图像的颜色进行调整可以达到营造氛围和意境的效果。本节将对Photoshop中的颜色调整命令进行详细讲解。

5.3.1 "亮度/对比度"命令

亮度即图像的明暗，对比度即图像中明暗区域最亮和最暗之间不同亮度层级的差异范围，范围越大，对比越大。使用"亮度/对比度"命令，可以对图像的色调氛围进行调整。在菜单栏中执行"图像>调整>亮度/对比度"命令，如下左图所示。弹出"亮度/对比度"对话框，在"亮度"和"对比度"数值框中输入数值或拖动滑块来调整参数，完成后单击"确定"按纽，如下右图所示。

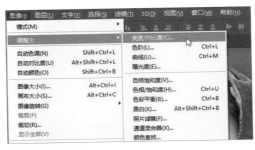 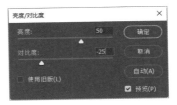

对图像执行"亮度／对比度"命令的对比效果，如下图所示。

5.3.2 "色阶"命令

图像的色彩丰满度和精细度是由色阶决定的，色阶是表示图像亮度强弱的指数标准。Photoshop的"色阶"命令可以对图像的阴影、中间色和高光进行细致调整，不仅可以对色调进行校正，还可以平衡色彩。在菜单栏中执行"图像>调整>色阶"命令，如下左图所示。在弹出的"色阶"对话框中进行相应的参数设置，如下右图所示。

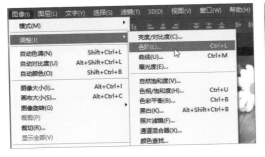 

为图像执行"色阶"命令的对比效果，如下图所示。

5.3.3 "曲线"命令

"曲线"命令是通过调整曲线的斜率和形状来实现对图像色彩、亮度和对比度的综合调整，在 Photoshop中最多可以创建14个控制点，从而对色彩和色调进行精确的控制。在菜单栏中执行"图像>调整>曲线"命令，如下左图所示。在弹出的"曲线"对话框中进行相关参数设置，如下右图所示。

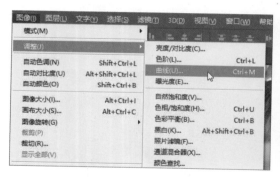 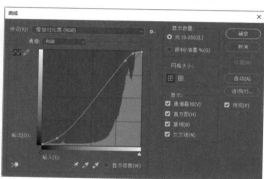

对图像执行"曲线"命令的对比效果，如下图所示。

5.3.4 "曝光度"命令

"曝光度"命令可以对前期曝光度不足的图像进行弥补，通过对"曝光度"、"位移"和"灰度系数校正"参数进行调整，达到增加或者降低曝光度的效果。在菜单栏中执行"图像>调整>曝光度"命令，如下左图所示。在弹出的"曝光度"对话框中进行参数设置，如下右图所示。

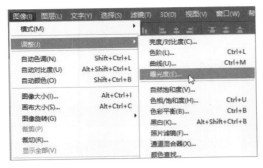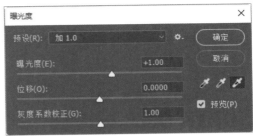

对图像的曝光度进行设置前后的对比效果，如下图所示。

5.3.5 "自然饱和度"命令

"自然饱和度"命令可以增加或者减少图像的饱和度，以便在颜色接近最大饱和度时最大限度地减少修剪。在进行人像处理时，使用"自然饱和度"命令可以防止过度饱和造成溢色。在菜单栏中执行"图像>调整>自然饱和度"命令，如下左图所示。打开"自然饱和度"对话框，在"自然饱和度"和"饱和度"数值框中输入数值或拖动滑块进行调整，然后单击"确定"按纽，如下右图所示。

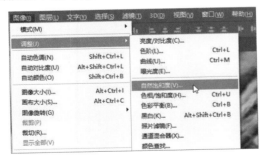

调整自然饱和度的前后对比效果，如下图所示。

5.3.6　"色相/饱和度"命令

色相由原色、间色和复色构成，用于表现各类色彩的样貌特征；饱和度又称色彩纯度，是色彩的构成要素之一，纯度越高，色彩表现越鲜明。使用"色相/饱和度"命令，可以从色相、饱和度和明度3个方面调整图像的属性。在菜单栏中执行"图像>调整>色相/饱和度"命令，如下左图所示。在弹出的"色相/饱和度"对话框中对"色相"、"饱和度"和"明度"参数进行设置，如下右图所示。

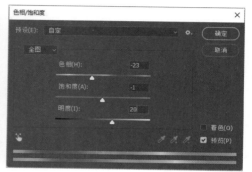

对图像执行"色相/饱和度"命令的对比效果，如下图所示。

实战练习　制作渐变壁纸效果

壁纸的种类很多，用户可以尝试制作一款属于自己风格的壁纸。下面介绍如何制作渐变的水晶壁纸效果，通过本案例的学习使用户可以熟练掌握颜色调整命令的使用方法，具体操作过程如下。

步骤 01 执行"文件>新建"命令，新建大小为800*600像素、分辨率为72像素/英寸、背景颜色为黑色的文档，如下左图所示。

步骤 02 选择矩形工具，按住Shift键绘制一个正方形，按下Ctrl+T组合键进行自由变换操作，设置旋转角度为45度，如下右图所示。

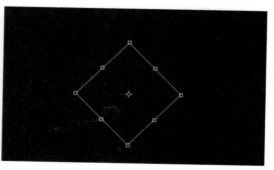

步骤 03 双击"形状1"图层，将弹出"图层样式"对话框中勾选"投影"复选框，设置"不透明度"为30%、"距离"为10、"大小"为20，如下左图所示。

步骤 04 然后勾选"内阴影"复选框，设置"角度"为-94度、"距离"为14、"大小"为22、颜色为白色，单击"确定"按钮，效果如下右图所示。

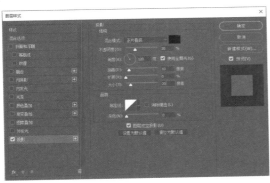 

步骤 05 设置形状图层的"不透明度"为60%，按下Ctrl+J组合键复制形状图层，使用移动工具，调整两个菱形的位置，效果如下左图所示。

步骤 06 再次按下Ctrl+J组合键，复制形状图层，并调整位置，取消图层的投影效果，然后继续复制形状并调整其位置，效果如下右图所示。

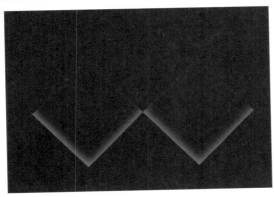 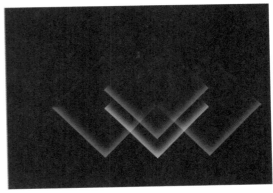

步骤 07 选择创建的4个图层，按下Ctrl+E组合键合并可见图层，按下Ctrl+T组合键进行大小和位置调整，然后链接复制图层并调整位置，使其布满全部画布，如下左图所示。

步骤 08 按下Ctrl+E组合键合并所有的可见图层，执行"图像>调整>色相/饱和度"命令，在打开的对话框中勾选"着色"复选框，设置相关参数，如下右图所示。

 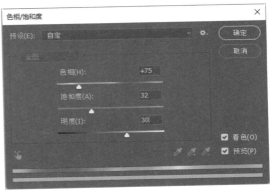

步骤09 修改该图层的不透明度为80%、填充为90%，双击"背景"图层，将其转换为"图层0"图层，选择渐变工具，设置渐变颜色，效果如下左图所示。

步骤10 用户也可以选择其他渐变颜色，效果如下右图所示。执行"文件>存储为"命令，选择文件的保存位置，进行保存操作。

5.3.7 "色彩平衡"命令

"色彩平衡"命令可以对色彩平衡进行校正，防止出现偏色的现象，并更改整体的色彩混合。在菜单栏中执行"图像>调整>色彩平衡"命令或按下Ctrl+B组合键，如下左图所示。在弹出的"色彩平衡"对话框中对色彩平衡的相关参数进行设置，如下右图所示。

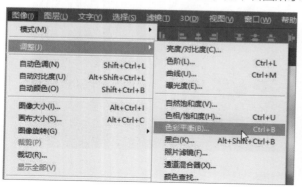 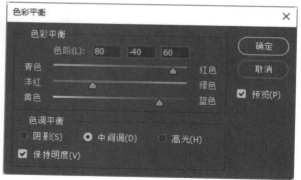

设置完成后单击"确定"按纽，查看为图像应用"色彩平衡"命令的对比效果，如下图所示。

5.3.8 "黑白"命令

"黑白"命令是通过降低色彩的浓度来创造出色彩层次丰富的灰度图像，但是图像中的颜色模式保持不变。在菜单栏中执行"图像>调整>黑白"命令，如下左图所示。在弹出的"黑白"对话框中进行所需参数设置，如下右图所示。

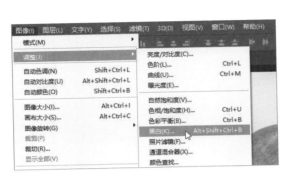 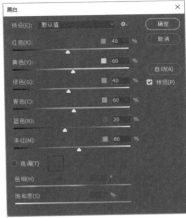

与执行"图像>模式>灰度"命令将图像转换为灰度模式的效果不同，"黑白"命令转换彩色图像时，可以在"黑白"对话框中根据不同的需求为黑白图像调整质感。为图像应用"黑白"命令的对比效果，如下图所示。

5.3.9 "照片滤镜"命令

"照片滤镜"命令可以模拟传统摄影中的彩色滤镜，通过对色温和颜色平衡的调整，达到滤镜的效果。在菜单栏中执行"图像>调整>照片滤镜"命令，如下左图所示。弹出"照片滤镜"对话框，在"滤镜"下拉列表中选择相应的预设选项，以便对图像进行相应的效果调整，如下右图所示。

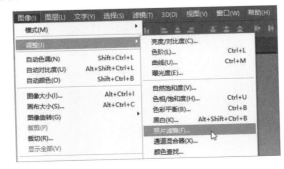 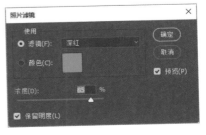

为图像添加"深红"滤镜，设置"浓度"值为85%后单击"确定"按纽，查看对比效果如下图所示。

5.3.10 "通道混合器"命令

使用"通道混合器"命令，可以将图像中某个通道的颜色与其他通道中的颜色进行混合，使图像产生合成效果，从而达到调整图像色彩的目的。在菜单栏中执行"图像>调整>通道混合器"命令，如下左图所示。在弹出的"通道混合器"对话框中进行相应的参数设置，如下右图所示。

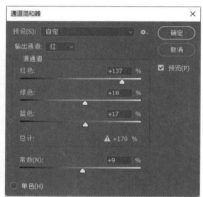

单击"确定"按纽，查看为图像应用"通道混合器"命令后的对比效果，如下图所示。

5.3.11 "颜色查找"命令

"颜色查找"命令可以让图像的颜色在不同设备之间进行精确地传递和再现。在菜单栏中执行"图像>调整>颜色查找"命令，如下左图所示。在弹出的"颜色查找"对话框中进行相应的参数设置，如下右图所示。

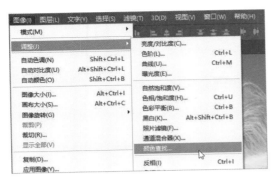

单击"确定"按纽，查看为图像应用"颜色查找"命令后的对比效果，如下图所示。

5.3.12 "反相"命令

"反相"命令可以将图像中所有的颜色替换为相应的补色，制作出负片的效果。该命令也可将负片效果还原为图像原有的色彩效果。在菜单栏中执行"图像>调整>反相"命令，如右图所示。

执行"反相"命令后，图像中的红色将替换为青色、白色将替换为黑色、黄色将替换为蓝色、绿色将替换为洋红，对比效果如下图所示。

5.3.13 "色调分离"命令

　　"色调分离"命令可以减少色阶的数量而减少图像中的颜色，通过对图像中有着丰富色阶渐变的颜色进行简化，呈现出类似木刻版画或卡通画的效果。在菜单栏中执行"图像>调整>色调分离"命令，如下左图所示。打开"色调分离"对话框，在"色阶"数值框中输入相应的数值，或拖动滑块调整参数，其取值范围在2～255之间，数值越小分离效果越明显，如下右图所示。

　　单击"确定"按纽查看为图像执行"色调分离"命令后的对比效果，如下图所示。

5.3.14 "阈值"命令

　　"阈值"命令可以通过简化图像细节制作出剪影效果，原理是将灰度模式或其他彩色模式的图像转换为高对比度的黑白图像。在菜单栏中执行"图像>调整>阈值"命令，如下左图所示。在弹出的"阈值"对话框中设置"阈值色阶"的参数后，单击"确定"按纽，如下右图所示。

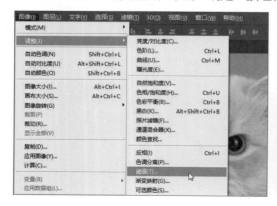 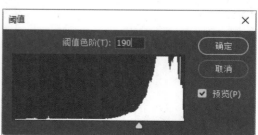

"阈值"命令常用于将图像转换为黑白颜色效果的操作，对图像应用"阈值"命令后的对比效果如下图所示。

5.3.15 "可选颜色"命令

"可选颜色"命令可以通过调整印刷油墨的含量来控制颜色，通过对限定颜色区域中各像素的青、洋色、黄、黑4色油墨进行调整，从而在不影响其他颜色的基础上调整限定的颜色。在菜单栏中执行"图像>调整>可选颜色"命令，如下左图所示。在弹出的"可选颜色"对话框中进行参数设置，如下右图所示。

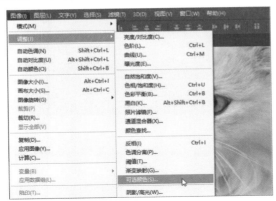

"可选颜色"命令可以有针对性地调整图像中某个颜色或校正色彩平衡等颜色问题，为图像执行该命令后的对比效果如下图所示。

5.3.16 "渐变映射"命令

"渐变映射"命令可以将等同灰度范围映射到指定的渐变填充色，并产生特殊的效果。该命令的原理是在图像中将阴影映射到渐变填充的一个端点颜色，将高光映射到另一个端点颜色，而中间调映射到两个端点颜色之间。在菜单栏中执行"图像>调整>渐变映射"命令，如下左图所示。在弹出的"渐变映射"对话框中进行参数设置，如下右图所示。

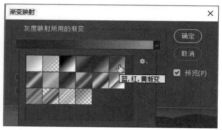

对图像执行蓝红黄渐变映射的对比效果，如下图所示。

 ## 知识延伸："直方图"面板

使用"直方图"面板可以查看图像中每个亮度的像素数量，从而直观地表现出像素在图像中的分布情况。在菜单栏中执行"窗口>直方图"命令，如下左图所示。打开"直方图"面板后，切换到扩展视图模式，查看当前图像颜色的分布情况，如下右图所示。

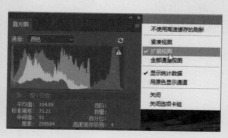

步骤13 选择横排文字工具，输入√符号，设置颜色为#031b40，适当调整其位置，如下左图所示。

步骤14 将绘制的正方形和输入的符号复制3次，调整至合适位置，效果如下右图所示。

步骤15 选择矩形工具，设置填充颜色为黑色、长度为2800像素、高度为10像素，绘制矩形并调整至合适的位置，如下左图所示。

步骤16 拖曳"单贝壳珍珠.jpg"素材至文档内，并调整其大小及位置，如下右图所示。

步骤17 为"单贝壳珍珠"图层添加图层蒙版，利用矩形选框工具、椭圆选框工具、魔棒工具和多边形套索工具选中单贝壳珍珠素材的蓝色部分，如下左图所示。

步骤18 将前景色设置为黑色，按下Alt+Delete组合键填充蒙版，使蓝色部分隐藏，效果如下右图所示。

步骤 19 选中图层蒙版缩略图后，选择画笔工具，调整画笔大小，然后擦去图像中多余的沙子部分，效果如下左图所示。

步骤 20 选择珍珠缩略图，按下Ctrl+M组合键打开"曲线"对话框，设置相关参数，使珍珠与整个画面协调，如下右图所示。

 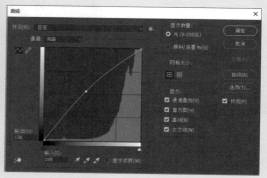

步骤 21 按下Ctrl+U组合键，打开"色相/饱和度"对话框，选择"黄色"选项并调整相关参数，使珍珠图像色调与整个画面更加协调，如下左图所示。

步骤 22 选中图层蒙版缩略图，选择画笔工具，调整画笔大小和透明度，涂抹贝壳珍珠下面的沙子部分，使其与整个画面协调，效果如下右图所示。

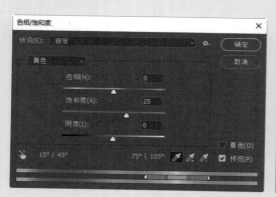 

步骤 23 拖曳"海星.jpg"素材至文档内，利用矩形选框工具选择需要的海星素材，执行"复制"和"粘贴"操作，如下左图所示。

步骤 24 利用多边形套索工具选中两个小海星，如下右图所示。

步骤25 执行"复制"和"粘贴"命令，调整海星素材的大小、位置及方向，效果如下左图所示。

步骤26 按下Ctrl+L组合键，打开"色阶"对话框，设置相关的参数，使其与整个画面协调，如下右图所示。

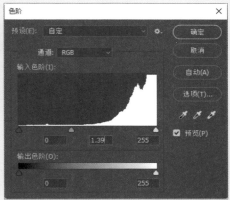

步骤27 选中"海星"图层，利用多边形套索工具选择不需要的选区并删除，如下左图所示。

步骤28 调整海星素材的位置，添加图层蒙版，涂抹右侧沙子部位，效果如下右图所示。

步骤29 按下Ctrl+L组合键，打开"色阶"对话框，设置相关参数，调整图层的色阶，使其与整个画面协调，如下左图所示。

步骤30 按下Ctrl+U组合键，打开"色相/饱和度"对话框，选择"黄色"选项并设置相关参数，调整图层中黄色的明度，使其与整个画面协调，如下右图所示。

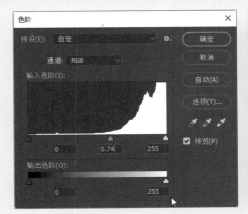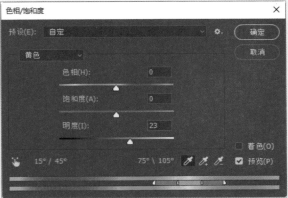

步骤 31 移动贝壳珍珠图层至合适位置，利用画笔工具涂抹左侧沙子部分，效果如下左图所示。

步骤 32 利用画笔工具涂抹两个海星图层中左侧海星，并移动至合适位置，如下右图所示。

步骤 33 再次打开"色相/饱和度"对话框，设置相应的参数，调整图层的饱和度和明度，使其与整个画面协调，如下左图所示。

步骤 34 利用多边形套索工具选中右侧面膜包装的阴影部分，如下右图所示。

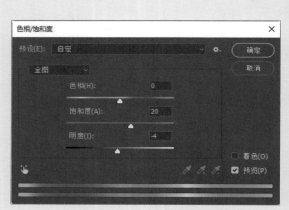 

步骤 35 新建图层，利用渐变工具绘制出阴影部分，如下左图所示。

步骤 36 添加图层蒙版，利用画笔工具适当涂抹多余部分阴影。按照同样的方法绘制出左侧面膜和单片面膜的阴影，最终效果如下右图所示。

课后练习

1. 选择题

（1）下列颜色调整命令中，（　　）命令可以为图像添加模拟照相机上的彩色滤镜片效果。

  A. 黑白　　　　　　　　　　　　　　B. 曲线

  C. 色阶　　　　　　　　　　　　　　D. 照片滤镜

（2）下列颜色调整命令中，（　　）命令可以对色调和色彩进行精确地把控。

  A. 颜色查找　　　　　　　　　　　　B. 曲线

  C. 曝光度　　　　　　　　　　　　　D. 色阶

（3）在以下模式中，（　　）是一种过渡模式。

  A. Lab模式　　　　　　　　　　　　B. RGB模式

  C. CMYK模式　　　　　　　　　　　D. 多通道模式

（4）阈值模式可以制作出（　　）效果。

  A. 剪影　　　　　　　　　　　　　　B. 素描

  C. 黑白　　　　　　　　　　　　　　D. 油画

2. 填空题

（1）"色调分离"命令是通过减少＿＿＿＿＿＿＿来减少图像中的颜色。

（2）"色彩平衡"命令主要是为了防止图像出现＿＿＿＿＿＿＿。

3. 上机题

  打开光盘中的素材图片，根据需要对素材图像进行颜色调整，可参照下图所示的效果。

Chapter 06 蒙版和通道

本章概述

蒙版是合成图像时常用的一项重要功能，使用蒙版处理图像是一种非破坏性的编辑方式。使用通道可以将图像中不同的颜色创建为选区，并对选中的区域进行单独编辑。

核心知识点

❶ 了解蒙版的分类
❷ 熟悉蒙版的操作
❸ 了解通道的种类
❹ 掌握通道的基本操作

6.1 认识蒙版

在Photoshop中，蒙版是一种遮盖部分或者全部图像的工具，一般用于合成图像，控制画面的显示内容，制作出神奇的效果。这样做并不会删除图像，只是将其隐藏起来，因此，蒙版是一种非破坏性的编辑工具。本节将对蒙版的分类和创建方法进行讲解。

6.1.1 蒙版的分类

Photoshop提供了3种蒙版，分别为图层蒙版、剪贴蒙版和矢量蒙版。图层蒙版是通过调整蒙版中的灰度信息来控制图像中的显示区域，一般适合于制作合成图像或者控制填充图案；剪贴蒙版是通过控制一个对象的形状来控制其他图像的显示区域；矢量蒙版则是通过路径和矢量形状来控制图像的显示区域。

6.1.2 蒙版的创建

在了解3种蒙版的作用后，下面将对如何创建这3种蒙版进行讲解。

1. 图层蒙版

创建图层蒙版时，根据实际情况可创建单纯的图层蒙版和选区图层蒙版。用户可以在菜单栏中执行"图层>图层蒙版"命令，在子菜单中选择所需的选项，来创建图层蒙版。也可以在"图层"面板中单击"添加图层蒙版"按钮，来创建单纯的图层蒙版，如下左图所示。

创建图层蒙版后，可以使用画笔工具或橡皮擦工具擦除部分图像，使其不可见，但是事实上图像本身并没有被破坏。创建图层蒙版后，用户还可以在图层蒙版上右击，选择"删除图层蒙版"命令，将其删除，如下右图所示。

要创建选区图层蒙版，则执行"图层>图层蒙版>显示全部"命令后，使用椭圆选框工具创建选区，按下Ctrl+Shift+I组合键，执行反选操作。然后按下Shift+F6组合键，打开"羽化选区"对话框，设置合适的羽化半径值，如下左图所示。单击"确定"按钮后查看效果，如下右图所示。

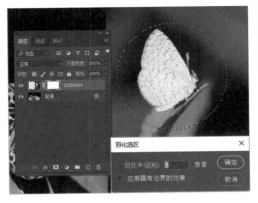 

创建图层蒙版后，用户还可以对图层蒙版进行相应的编辑操作，具体如下。

- **复制蒙版**：按住Alt键的同时拖动图层蒙版缩览图，即可复制蒙版到目标图层；
- **移动蒙版**：选中图层蒙版后，按住鼠标左键不放并拖动到目标图层上，即可移动蒙版，原图层上不再有蒙版；
- **停用图层蒙版**：按住Shift键的同时单击图层的蒙版缩略图，即可暂时停用图层蒙版，此时图层蒙版缩略图中会出现一个红色叉号，如下左图所示。这时，图像中使用蒙版遮盖的区域即会显示出来。
- **重新启用蒙版**：停用图层蒙版后，再次按住Shift键的同时单击图层蒙版缩览图，即可重新启用图层蒙版，如下右图所示。

2. 剪贴蒙版

剪贴蒙版可以用一个包含图层像素的区域来限制其上层图像的显示范围。剪贴蒙版由两部分组成，即基础层和内容层。基础层用于定义显示图像的范围或形状，内容层用于存放将要表现的图像内容。使用剪贴蒙版最大的优点是可以通过一个图层来控制多个图层的可见内容，而图层蒙版和矢量蒙版都只能用于控制图像的某个范围。

剪贴蒙版能对连续的图层进行编组，组中的基底图层名称标有下划线，上层图层的缩览图是缩进显示的。此外，上层图层会显示剪贴蒙版图标 ⬐。

要应用剪贴蒙版，则首先执行"文件>打开"命令，打开素材图片后，将"背景"图层，转换为普通图层，如下左图所示。新建图层，执行"文件>置入嵌入的智能对象"命令，将"蝴蝶.jpg"素材置入，调整大小和位置，并适当进行旋转后，按下Enter键，如下右图所示。

新建图层，选择钢笔工具，在属性栏中设置工具模式为"形状"，并设置填充颜色和无边框后，沿着蝴蝶边缘绘制闭合形状。对应的"图层"面板如下左图所示，效果如下右图所示。

将蝴蝶图层拖至形状图层上方，保持该图层为选中状态，如下左图所示。执行"图层>创建剪贴蒙版"命令，效果如下右图所示。

创建剪贴蒙版后，用户还可以对剪贴蒙版进行相应的编辑操作，具体如下。

● **设置剪贴蒙版的混合模式：**剪贴蒙版使用基底图层的混合属性，当基底图层为"正常"模式时，所有的图层会按照各自的混合模式与下面的图层混合。调整基底图层的混合模式时，整个剪贴蒙版中的图层都会使用此模式与下面的图层混合。调整内容图层时，仅对其自身产生作用，不会影响其他图层。选择基底图层，在"图层"面板中设置图层的混合模式为"叠加"，如下左图所示。对应的图像效果如下右图所示。

● **设置剪贴蒙版的不透明度**：剪贴蒙版使用基底图层的不透明度属性，因此在调整基底图层的不透明度时，可以控制整个剪贴蒙版的不透明度。选择基底图层，在"图层"面板中设置图层的"不透明度"值，如下左图所示。对应的图像效果如下右图所示。

● **释放剪贴蒙版**：创建剪贴蒙版后，还可对剪贴蒙版进行释放，释放剪贴蒙版后图像效果将回到原始状态。选择图层前带有 📙 图标的内容层并右击，选择"释放剪贴蒙版"命令或按下Ctrl+Alt+G组合键，如下左图所示。即可释放剪贴蒙版，如下右图所示。

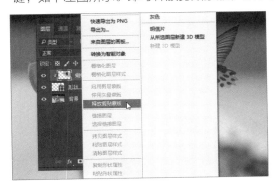

3. 矢量蒙版

矢量蒙版是利用钢笔、形状等矢量工具创建的蒙版，与分辨率无关，无论图像本身的分辨率是多少，只要使用矢量蒙版，都可以得到平滑的过渡效果。

要应用剪贴蒙版，则首先执行"文件>打开"命令，打开"花间小路.jpg"素材图片，将"背景"图层转换为普通图层。接着置入"美女.jpg"素材图片，调整好大小和位置，并执行"图层>栅格化>智能对象"命令，如下左图所示。选择钢笔工具，在属性栏中设置工具模式为"路径"，然后沿着美女边缘绘制闭合的路径，如下右图所示。

保持"美女"图层为选中状态，执行"图层>矢量蒙版>当前路径"命令，即可完成矢量蒙版的创建，效果如下左图所示。对应的"图层"面板如下右图所示。

实战练习 制作小女孩与金鱼图像合成效果

学习完Photoshop的蒙版功能后，下面以制作图像合成效果的案例来巩固所学知识，具体操作方法如下。

步骤 01 新建文档并命名为"小女孩和金鱼.psd"，然后打开"湖边.jpg"素材图片，效果如下左图所示。

步骤 02 新建文档，导入"小女孩.jpg"图片，使用钢笔工具沿着小女孩图像绘制路径，并将其抠出来，效果如下右图所示。

步骤 03 将抠取的小女孩图片拖至"小女孩和金鱼.psd"文档中并适当缩小，放在文档的左下角，如下左图所示。

步骤 04 然后置入"木头.png"素材图片，并栅格化图层，将其放置在小女孩的左下方，如下右图所示。

步骤 05 使用钢笔工具抠出木头和小女孩重合的部分，把"图层2"图层移至"图层3"图层上方，如下左图所示。

步骤 06 新建"图层4"图层，使用钢笔工具扣出下右图所示的虚线选区部分。

步骤 07 选择油漆桶工具，执行"选择>修改>羽化"命令，设置羽化半径为2像素，设置前景色，并对虚线部分进行填充，效果如下左图所示。

步骤 08 导入"水纹.jpg"素材图片，适当缩小并放在文档中的合适位置，对该图层进行栅格化处理，如下右图所示。

步骤 09 选择椭圆选框工具，对水纹素材进行框选，然后在菜单栏中执行"选择>反选"命令，如下左图所示。

步骤 10 再执行"选择>修改>羽化"命令，在打开的对话框中设置羽化半径为5像素，按下Delete键删除虚线部分，如下右图所示。

步骤 11 将水纹图片对应的"图层5"图层的混合模式设置为"柔光"，不透明度设置为51%，效果如下图所示。

步骤 12 置入"荷花.png"素材图片，适当调整其大小，然后放在下右图所示的位置。

步骤 13 置入"水花2.psd"素材图片，调整其大小并放置在合适的位置，如下右图所示。

步骤 14 使用套索工具，抠出选区虚线部分，然后按下Shift+Ctrl+I组合键，执行反选操作，如下右图所示。

步骤 15 接着按下Shift+F6组合键，在打开的对话框中设置羽化半径为10像素，然后按下Delete键执行删除操作，设置水花图像对应的图层的混合模式为"柔光"，效果如下左图所示。

步骤 16 置入"金鱼.png"素材图片，调整其大小，并放在合适的位置，执行"编辑>变换>水平转换"命令，效果如下右图所示。

步骤 17 为金鱼素材添加图层蒙版，设置金鱼尾部为透明效果，如下左图所示。

步骤 18 置入"水花.png"素材图片，调整其大小，并进行适当地旋转，然后放在金鱼的下方，如下右图所示。

步骤 19 置入"金鱼2.png"素材图片，适当调整其大小并放置在合适的位置，如下左图所示。

步骤 20 接着置入"水纹2.psd"素材图片，适当调整其大小并放置在合适的位置，设置该图层的混合模式为"柔光"，效果如下右图所示。

步骤 21 为第二条金鱼添加图层蒙版，使其与水纹完美融合，效果如下左图所示。

步骤 22 新建"图层12"图层，使用椭圆选框工具绘制选区，如下右图所示。

步骤 23 执行反选操作，按下Shift+F6组合键，在打开的对话框中设置羽化半径为40像素。使用油漆桶工具填充黑色选框，效果如下左图所示。

步骤 24 置入"水纹3.png"素材图片，将其移至合适的位置，并添加蒙版。至此，本案例制作完成，效果如下右图所示。

6.2 认识通道

通道是用于储存图像颜色和选区等信息的灰度图像，用户可以通过调整通道中的颜色信息来改变图像的色彩，也可以对通道进行相应的编辑操作，来调整图像或选区信息。一个图像最多可以拥有56个通道，所有的新建通道和原始图像的尺寸均一致。Photoshop提供了3种类型的通道，分别为颜色通道、Alpha通道和专色通道。

6.2.1 颜色通道

颜色通道是用来描述图像色彩信息的彩色通道，图像的颜色模式决定了通道的数量，"通道"面板上储存的信息也与之相关。每个单独的颜色通道都是一幅灰度图像，仅代表这个颜色的明暗变化。RGB图像红、绿蓝和一个用于编辑图像内容的复合通道；CMYK图像包含青色、洋红、黄色、黑色和一个复合通道；灰度图像只显示一个灰度颜色通道；Lab图像会显示明度a、b和一个复合通道。

在菜单栏中执行"窗口>通道"命令，即可显示"通道"面板。默认情况下，"通道"面板中是没有通道的，如下左图所示。在Photoshop中打开一个图像文件后，在"通道"面板中将显示出以当前图像颜色模式为基础的相应通道，如下右图所示。

6.2.2　Alpha通道

　　Alpha通道相当于一个8位的灰阶图，是使用256级灰度来记录图像中的透明度信息，可用于定义透明度、不透明度和半透明区域。Alpha通道的作用可以用于保存选区、将选区存储为灰度图像或从Alpha通道载入选区。在Alpha通道中，白色代表可以被选择的区域，黑色代表不能被选择的部分，灰色代表可以被部分选择的区域（即羽化区域）。用白色涂抹Alpha通道可以扩大选区，用黑色涂抹Alpha通道可以收缩选区，用灰色涂抹Alpha通道可以增加羽化范围。

　　要创建Alpha通道，首先在图像中使用相应的选框工具创建需要保存的选区，然后在"通道"面板中单击"创建新通道"按钮，如下左图所示。新建Alpha1通道，填充选区为白色后取消选区，即在Alpha1通道中保存了选区，如下右图所示。保存选区后，可随时重新载入该选区或将该选区载入到其他图像中。

 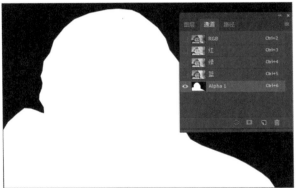

6.2.3　专色通道

　　专色通道是一类较为特殊的通道，可以使用除青色、洋红、黄色和黑色以外的颜色来绘制图像。专色通道主要用于专色油墨印刷的附加印版，可以保存专色信息，同时也具有Alpha通道的特点。在"通道"面板中单击面板右上角的█按钮，在弹出的下拉列表中选择"创建专色通道"命令，在打开的"新建专色通道"对话框中创建专色通道，如下左图所示。创建专色通道后的面板如下右图所示。

实战练习 利用Alpha通道抠取婚纱图像

　　在利用Photoshop对图片中某一部分进行编辑、合成等操作时，经常需要用到通道功能，下面以扣取人物婚纱照为例，介绍使用Alpha通道抠图的方法，具体操作如下。

步骤01 打开"婚纱抠图.jpg"素材图片，选择菜单栏中的"窗口>通道"命令，打开"通道"面板，如下左图所示。

步骤02 分别单独显示红、绿、蓝通道，观察其显示效果，选择对比较明显的一个通道。这里选择蓝通道并拖动至"创建新通道"按钮上，复制蓝通道，如下右图所示。

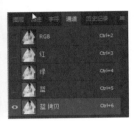

步骤03 选择菜单栏中的"图像>调整>色阶"命令，打开"色阶"对话框，调整参数以增强通道对比效果，如下图所示。

步骤04 选择魔棒工具，在其属性栏里勾选"连续"复选框，选中图像中黑色部分，注意透明的婚纱部分一定不能选，按下Alt+Backspace组合键填充黑色，按下Ctrl+D组合键取消选区，如下图所示。

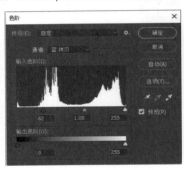

步骤05 选择多边形套索工具，绘制出需要保留的选区，如下左图所示。注意透明的婚纱部分一定不能涂，按下Alt+Backspace组合键填充白色，然后按下Ctrl+D组合键取消选区。

步骤06 接着在"通道"面板中隐藏"蓝 拷贝"通道，如下右图所示。

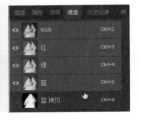

步骤 07 选择菜单栏中的"选择>载入选区"命令，打开"载入选区"对话框，选择"蓝 拷贝"通道，单击"确定"按钮，如下左图所示。

步骤 08 查看载入选区后的效果，如下右图所示。

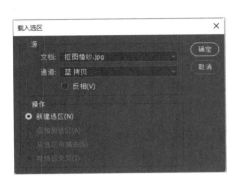

步骤 09 按下Ctrl+C组合键执行复制操作，返回"图层"面板中单击"创建新图层"按钮，按下Ctrl+V组合键执行粘贴操作。如果需要检验抠图效果，可以在"图层1"和"背景"图层中间创建一个新图层，按下Alt+Backspace组合键填充颜色，效果如右图所示。

6.2.4　通道的编辑

在"通道"面板中，用户可以选择某个通道进行单独操作，也可以对通道进行快速选择、隐藏/显示、删除、复制或重命名等操作，本小节将分别进行介绍。

1. 通道的快速选择

打开"通道"面板后，可以在每个通道上看到对应的Ctrl+数字的组合键，按下这些组合键便可以快速选择相对应的通道，用户可以直接单击某个通道选项将其选中，如下左图所示。

2. 通道的隐藏/显示

在"通道"面板中，单击通道前面的眼睛图标，可以隐藏该通道；再次单击，即可显示通道，如下右图所示。

3. 通道的删除

在"通道"面板中需要删除的通道上右击，在弹出的快捷菜单中选择"删除通道"命令，即可删除当前通道，如下左图所示。

4. 通道的复制

在"通道"面板中选择需要复制的通道并右击，在弹出的快捷菜单中选择"复制通道"命令，在弹出的"复制通道"对话框中对复制通道的名称、效果进行设置，如下右图所示。在默认情况下，复制得到的通道以其原有通道名称加"拷贝"进行命名。

5. 通道的重命名

通道的重命名方法与图层的重命名方法相同，只需在需要重新设置名称的通道上双击，此时通道名称变为可编辑状态，输入新的名称即可。

6. 将通道作为选区载入

在Photoshop中，用户可以将通道作为选区载入，以便对图像中相同的颜色取样进行调整。操作方法是在"通道"面板中选择通道后，单击"将通道作为选区载入"按钮，将当期通道快速转化为选区。

知识延伸：快速蒙版

在"快速蒙版"模式下，任何选区都可以作为蒙版进行编辑，在工具箱中单击"以快速蒙版模式编辑"按钮，如下左图所示。即可在"通道"面板中自动创建一个"快速蒙版"通道，这时选区便可以和蒙版一样操作了，如下右图所示。

上机实训：制作夜派对单页

通过本章内容的学习，相信用户对Photoshop蒙版和通道的应用有了一定的认识。下面以制作夜派对单页来巩固蒙版方面的知识，具体操作过程如下。

步骤01 新建1275×1875像素的文档，设置分辨率为300、颜色模式为CMYK颜色，单击"确定"按钮后，单击"图层"面板中的"创建新的填充或调整图层"按钮，选择"渐变"选项，如下左图所示。

步骤02 在"渐变填充"对话框中创建颜色值为#0d1018到#161914的渐变，参数设置如下右图所示。

步骤03 按下Ctrl+R组合键创建参考线，具体参数如下左图所示。

步骤04 按下Ctrl+H组合键隐藏参考线，使用下图所示的污泽笔刷进行绘制后旋转并调整大小，效果如下右图所示。

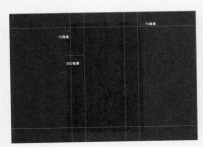 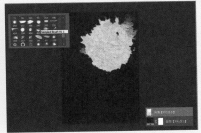

步骤05 将绘制的污渍图层"填充"设为0，添加"颜色叠加"图层样式的混合模式为"柔光"。复制污渍图层并进行移动。导入城市背景图片，按下Ctrl+T组合键压扁图片并添加蒙版，如下左图所示。

步骤06 执行"滤镜>模糊>表面模糊"命令，在打开的"表面模糊"对话框中设置"半径"为13、"阈值"为140，为城市背景添加表面模糊效果，如下右图所示。

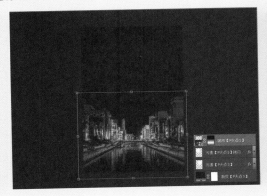 

步骤 07 以剪贴蒙版形式，创建"色相/饱和度"调整层，设置饱和度为+14、明度为-23，效果如下左图所示。

步骤 08 选择画笔工具，使用圆角柔边画笔绘制一个白色光源，设置图层混合模式为"叠加"，如下右图所示。

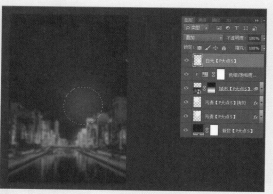

步骤 09 新建渐变调整层，在左侧添加一些蓝光，设置图层混合模式为"饱和度"，如下左图所示。

步骤 10 新建渐变调整层，在左侧添加一点橙黄色的光，设置图层混合模式为"强光"，如下中图所示。

步骤 11 新建图层，选择圆角柔边画笔绘制一个白光，设置图层混合模式为"叠加"，不透明度38%，如下右图所示。

步骤 12 新建图层，使用圆角柔边画笔绘制一个白光，设置图层混合模式为"叠加"、不透明度68%，如下左图所示。按下Ctrl+Alt+Shift+E组合键盖印图层，并载入这个盖印图层的选区。

步骤 13 执行"滤镜>滤镜库"命令，在打开的对话框中选择"扭曲>玻璃"滤镜，设置相关参数后单击"确定"按钮，如下右图所示。

步骤14 执行滤镜操作后，将其拖曳至原文档中，为该图层添加蒙版，实现柔和过渡效果。然后将图层不透明度修改为53%，然后删除盖印图层，如下左图所示。

步骤15 在执行玻璃滤镜的图层下方新建图层，使用下右图所示的画笔工具创建出放射性效果，并设置图层的混合模式为"叠加"。

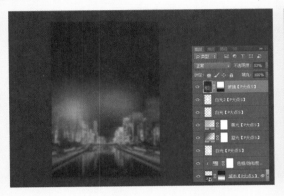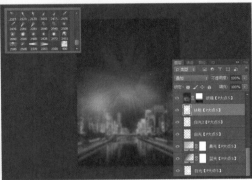

步骤16 按下Ctrl+H组合键开启参考线，使用椭圆选框工具绘制正圆，并设置图层的填充为0，如下左图所示。

步骤17 为绘制的正圆添加"描边"样式后，使用横排文字工具在圆形内输入Night文字，并设置相应的字体样式。打开"图层样式"对话框，添加"渐变叠加"和"投影"投影图层样式，如下右图所示。

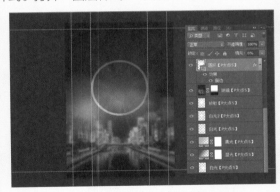

步骤18 然后输入 Party文字，直接套用Night的图层样式后，修改渐变的角度。然后再输入其他文字，效果如下左图所示。

步骤19 至此，夜派对单页制作完成，用户可以尝试不同光效，展示的效果也会不同，最终效果如下右图所示。

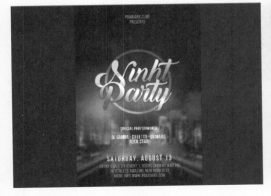

课后练习

1. 选择题

（1）蒙版是一种遮盖部分或者全部图像的工具，其原理是通过调整蒙版中的（　　）信息来控制图像中的显示区域。

　　A. 黑度　　　　　　　　　　　　　B. 灰度

　　C. RGB　　　　　　　　　　　　　D. 白度

（2）剪贴蒙版可以用一个包含图层像素的区域来限制其上层图像的显示范围，"创建剪贴蒙版"命令的快捷键是（　　）。

　　A. Alt+Ctrl+G　　　　　　　　　　B. Ctrl+Shift+G

　　C. Alt+Shift+G　　　　　　　　　　D. Alt+Ctrl+Shift+G

（3）一个图像最多可以拥有56个通道，所有新建的通道和原始图像的尺寸均一致，Photoshop提供了3种类型的通道，下列不属于Photoshop提供的通道的是（　　）。

　　A. 颜色通道　　　　　　　　　　　B. RGB通道

　　C. 专色通首　　　　　　　　　　　D. Alpha通道

2. 填空题

（1）蒙版是一种非破坏性的编辑工具，Photoshop中提供了3种蒙版，分别为＿＿＿＿＿、＿＿＿＿＿＿＿＿＿和＿＿＿＿＿＿。

（2）矢量蒙版是利用＿＿＿＿＿和＿＿＿＿＿等矢量工具创建蒙版，从而控制图像的显示区域。

（3）在"通道"面板中选择通道后，单击＿＿＿＿＿按钮，将当期通道快速转化为选区，以便对图像中相同的颜色取样进行调整。

3. 上机题

　　通过本章内容的学习，用户可以根据光盘文件中提供的素材，使用剪贴蒙版制作酒杯中人物的效果的合成图片。该效果对应的"通道"面板如下左图所示。合成效果如下右图所示。

Chapter 07　图像的修复与修饰

本章概述

在Photoshop中，用户可以利用一些强大的图形制作工具对图像进行修复和修饰操作。本章将对Photoshop CC修补工具和修饰工具的应用进行详细介绍，从而制作出和原图像风格不同的艺术作品。

核心知识点

❶ 熟悉图像修补工具应用
❷ 掌握修补工具的应用
❸ 掌握照片修饰工具的应用

7.1　图像修复工具

Photoshop提供了一系列对图像瑕疵进行修复的工具，例如在拍摄图像时摄入了多余或者是缺失的元素，或是在拍摄中出现红眼、紫光等现象，都可以通过相关工具进行修复。

7.1.1　仿制图章工具

仿制图章工具可以对图像的某部分进行取样，然后应用到其他图像或同一图像的其他位置。在工具箱中选择仿制图章工具，如下左图所示。然后在图像中右击，在弹出的面板中设置仿制图章的画笔"大小"和"硬度"值，如下右图所示。

接下来将光标移动到需要仿制的图像上，按住Alt键并单击进行取样，如右图所示。

取样完成后，将光标移动到目标位置预览取样的草莓图像，如下左图所示。在适当位置单击，即可仿制出取样处的草莓图像，效果如下右图所示。

实战练习 使用仿制图章工具祛除青春痘 ●

在处理图像或者照片的过程中，修图是必备的技能。利用图像修复工具可以对人像中的斑点、疤痕、痘印或者照片的划痕、污迹等进行修复。下面介绍利用仿制图章工具对照片进行修复的操作，具体步骤如下。

步骤 01 首先执行"文件>打开"命令，在打开的"打开"对话框中选择"仿制图章.jpg"素材文件，单击"打开"按钮，如下左图所示。

步骤 02 选择仿制图章工具，在属性栏中打开画笔预设面板并设置画笔大小和硬度值，如下右图所示。

步骤 03 按住Alt键，此时光标变成下左图所示的形状，单击进行取样后松开Alt键。

步骤 04 再移动光标至图像中青春痘中心的部位，可以看到圆圈中间显示的是仿制的源图像，如下右图所示。

步骤 05 从图像中青春痘中心的部位开始涂抹，直至祛除青春痘，最终效果如下图所示。

7.1.2　图案图章工具

　　使用图案图章工具不仅可以绘制一些特殊的纹理，还可以使用预设管理器中的预设图案或导入自定义图案，通过对画笔流量和画笔大小的控制，从而设置不同的图像效果。在工具箱中选择图案图章工具，如下左图所示。在属性栏中对、画笔预设参数和画笔浓度进行设置后，打开图案拾色器预设面板，单击面板右上角的下拉按钮，在下拉列表中选择"自然图案"选项。然后在弹出的对话框中单击"确定"按钮，如下右图所示。

　　再次打开图案拾色器面板，选择所需的图案预设选项，这里选择"蓝色雏菊"预设图案，如下左图所示。然后在图像中按住鼠标左键进行涂抹，绘制选择的图案，效果如下右图所示。

7.1.3 修复画笔工具

修复画笔工具的功能和仿制图章工具类似，但是修复画笔工具除了可以在原图中取样外，还可以使用图案对部分图像进行填充处理等操作。在工具箱中选择修复画笔工具，如下左图所示。在弹出的参数设置面板中对"大小"、"硬度"和"间距"等参数进行设置，如下右图所示。

 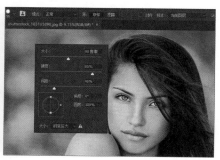

放大人物脸部，可以看到面部有很多斑点，按住Alt键的同时选择没有色斑较为光滑的皮肤，如下左图所示。然后在脸部有色斑的地方涂抹，面部的色斑将消失。将色斑全部清除后，在菜单栏中执行"图像>自动色调"命令，对图像的色调进行处理后查看效果，如下右图所示。

7.1.4 污点修复画笔工具

污点修复画笔工具可以有效地祛除人物图像中的色斑、黑痣、疤痕以及其他不理想的部分，该工具的原理是将图像的纹理、光照和阴影等与所修复的图像进行自动匹配。使用污点修复画笔工具不需要进行取样定义样本，只要确定需要修补的图像位置，然后在需要修复位置单击并拖动鼠标，释放鼠标左键即可修复图像中的污点。

在工具箱中选择污点修复画笔工具，如下左图所示。在图像上需要修复的部分涂抹，被涂抹部分以暗色调显示，Photoshop将根据所选点附近的纹理、曝光度等因素进行自动修补，效果如下右图所示。

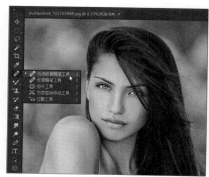 

7.1.5　修补工具

　　修补工具和污点修复画笔工具的作用相近，但是原理近似于仿制图章工具，都是使用图像中其他区域或图案中的像素来修复选中的区域。在工具箱中选择修补工具后，沿着修补区域的外轮廓拖动，选取小船区域，如下左图所示。然后将选取的区域拖至与之相似的区域，释放鼠标后可以看到小船从画面中消失了，如下右图所示。

7.1.6　内容感知移动工具

　　内容感知移动工具可以在移动选中区域的图像时，智能填充图像原来的位置。在工具箱中选择内容感知移动工具后，在属性栏中设置"模式"为"移动"，如下左图所示。然后在图像中框选出需要移动的部分，按住鼠标左键拖曳到目标位置释放鼠标，此时软件将自动智能填充小船原来的位置，完成图像的移动操作，效果如下右图所示。

　　选择内容感知移动工具后，在属性栏中设置"模式"为"扩展"，如下左图所示。然后在图像中框选出需要移动的部分，按住鼠标左键拖曳到目标位置后释放鼠标，即可在原图像的基础上将小船图像"扩展"到另一个位置，得到的效果如下右图所示。

7.1.7 红眼工具

红眼工具用于修复在照片拍摄过程中，由于强光造成的眼睛反光，也可以去除夜间拍摄动物的白色或者绿色眼睛。在工具箱中选择红眼工具，如下左图所示。然后在图像中的红眼处单击进行修复，效果如下右图所示。

7.2 照片修饰工具

在Photoshop中，绘图工具除了具有传统意义上的绘画功能外，还可以对照片进行修饰、美化，从而制作出不同风格的艺术佳作。本节将对使用画笔工具和铅笔工具修饰照片的操作方法进行详细讲解。

7.2.1 画笔工具

画笔工具是Photoshop绘图工具中最为基础的工具，绘图功能非常强大，不仅可以使用前景色绘制出各种线条，还可以用来修改通道、蒙版或者制作特效。在工具箱中选择画笔工具，如下左图所示。接着在属性栏中设置画笔的预设样式、叠加模式、不透明度和画笔流量等参数，如下右图所示。

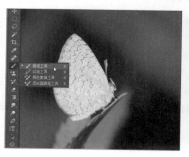 

然后在图像上合适的位置绘制，效果如下左图所示。在画笔工具属性栏中单击"切换画笔面板"按钮，将打开"画笔"面板，用户可以根据需要对画笔工具的参数进行更多设置，如下右图所示。

实战练习 制作梦幻线条效果

通过制作梦幻线条的练习，使用户可以熟练掌握画笔工具的应用方法，下面介绍具体操作步骤。

步骤 01 首先新建一个文档，参数设置如下左图所示。

步骤 02 使用矩形工具绘制一个10×600像素的矩形，设置图层不透明度为60%，如下右图所示。

步骤 03 执行"窗口>画笔预设"命令，在打开的"画笔预设"面板中单击"创建新画笔"按钮，在打开的对话框中输入画笔名称，如下左图所示。

步骤 04 隐藏之前建立的矩形图层，选择画笔工具，选中刚预设的画笔样式，如下右图所示。

步骤 05 打开"画笔"面板，勾选"形状动态"复选框，设置"大小抖动"值为 80%，如下左图所示。

步骤 06 勾选"散布"复选框，设置"散布"值为10%，如下右图所示。

步骤 07 新建图层，用笔刷从左至右平铺绘制，效果如下左图所示。

步骤 08 使用自定形状工具绘制下右图所示的形状。然后按下Ctrl+Enter组合键确认选区，并隐藏形状图层。

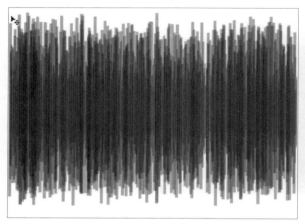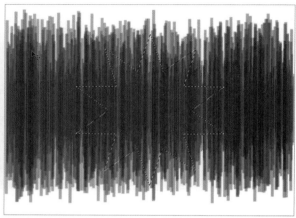

步骤 09 按下Shift+F6组合键，打开"羽化选区"对话框，设置"羽化半径"值为60像素，如下左图所示。

步骤 10 选中画笔平铺的图层，新建一个图层蒙版，效果如下右图所示。

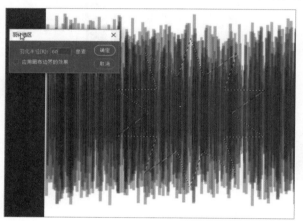

步骤 11 双击画笔图层，在打开"图层样式"对话框中设置"渐变叠加"样式效果，参数设置如下左图所示。

步骤 12 单击"渐变"右侧图标，打开"渐变编辑器"对话框，设置渐变色，如下右图所示。

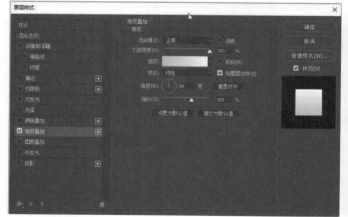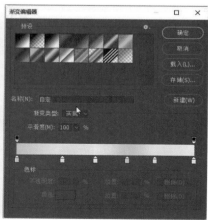

步骤13 使用文字工具输入相应的文本后，根据需要设置字体格式，最终效果如右图所示。

7.2.2 铅笔工具

铅笔工具的功能和画笔工具较为相似，不同的是铅笔工具只能绘制硬边线条，一般用于填补空缺或进行抹除等。在工具箱中选择铅笔工具，如下左图所示。接着在属性栏中设置画笔的预设样式、叠加模式、不透明度和画笔流量等参数，单击"切换画笔面板"按钮，如下右图所示。

在打开的"画笔"面板中，用户可以根据需要对铅笔工具的参数进行更多设置，如下左图所示。然后在图像上单击或按住鼠标左键进行绘制即可，如下右图所示。

铅笔工具属性栏与画笔工具属性栏的大多数参数是相同的，不同的是铅笔工具属性栏中多了"自动涂抹"复选框。勾选"自动涂抹"复选框，设置前景色并绘制图像时，若光标中心所在位置的颜色与前景色相同，那么该位置则自动显示为背景色；若光标中心所在位置的颜色与前景色不同，则该位置显示为前景色。

值得注意的是，不管是使用画笔工具还是铅笔工具绘制图像，画笔的颜色皆默认为前景色。

知识延伸：照片的润饰

通过对照片进行润饰可以改变照片的细节，如色调、曝光等，通常使用的工具有模糊工具、减淡工具、加深工具等。下面以减淡工具为例介绍其用法。减淡工具可以降低图像的色彩饱和度，在工具箱中选择减淡工具，在属性栏中设置相关参数，如下图所示。

下面对减淡工具属性栏中各参数的含义进行介绍。

- **画笔**：单击右侧下三角按钮，打开画笔预设选取器面板，用户可以根据需要设置画笔的大小、硬度以及样式。
- **切换画笔面板**：单击该按钮打开"画笔"面板，用户可以对画笔的参数进行更详细地设置。
- **范围**：单击右侧下三角按钮，选择需要修改的色调，包括"阴影"、"中间调"和"高光"3个选项。
- **曝光度**：设置曝光参数，数值越大，曝光效果越明显。
- **启用喷枪模式**：单击该按钮即可启用喷枪模式。
- **保护色调**：勾选该复选框，可以减少对图像色调的影响，防止色偏。

下左图为原图效果。设置减淡工具的"范围"为"阴影"、"曝光度"为75%，然后对照片进行处理，可见照片整体色调变亮，特别是房屋背光部分效果最明显，如下右图所示。

加深工具与减淡工具功能相反，使用加深工具对图像进行涂抹，可以提高图像的饱和度，使图像看起来色彩更为浓烈，以下两个图是使用加深工具进行涂抹前后的对比效果。

上机实训：制作教师节海报

根据本章内容的学习，相信用户对图像修复和修饰工具有一个全面的认识。下面通过制作教师节海报的过程，对所学知识进行巩固，具体操作过程如下。

步骤01 创建一个20*30cm的文档，设置分辨率为100像素、颜色模式为RGB、背景为白色，如下左图所示。

步骤02 直接将"黑板背景.jpg"素材拖至文档中，调整大小及角度使其覆盖整个画面，如下右图所示。

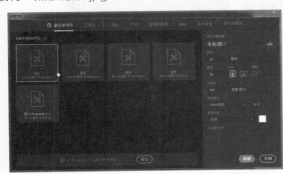

步骤03 按照同样的方法拖曳"板擦粉笔.jpg"和"粉笔字元素.jpg"素材至文档中，调整大小并放置在合适的位置，如下左图所示。

步骤04 选中"板擦粉笔"图层，执行"图层>图层蒙版>显示全部"命令，为该图层添加图层蒙版，如下右图所示。

步骤05 选择画笔工具，设置画笔大小和模式，如下左图所示。

步骤06 将前景色设置为黑色，擦涂"板擦粉笔"图层黑板部分，使其只显示板擦粉笔素材，效果如下右图所示。

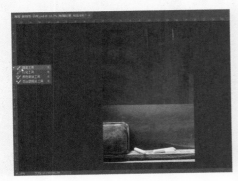

步骤 07 按住Ctrl键的同时选中"黑板"和"背景"图层载入选区，执行"复制"和"粘贴"命令，使其变为可编辑图层，按下Ctrl+D组合键取消选区，设置和背景图层水平垂直居中对齐，如下左图所示。

步骤 08 选择多边形套索工具绘制出需要修改的区域，如下右图所示。

步骤 09 使用修补工具对上一步绘制的修改区域进行修补，如下左图所示。

步骤 10 利用多边形套索工具依次绘制需要修改的区域，使用修补工具修补，效果如下右图所示。

步骤 11 选择"粉笔字元素"图层，按下Ctrl+T组合键自由变换大小，效果如下左图所示。

步骤 12 拖曳图像至适当位置，使用多边形套索工具绘制五角星外边框，在属性栏中单击"从选区减去"按钮，再绘制五角星内边框，如下右图所示。

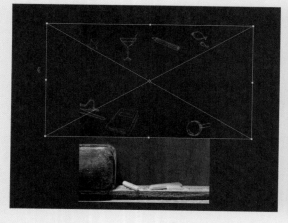 

步骤 13 执行"复制"和"粘贴"操作，使其建立一个新图层并命名为"五角星"，如下左图所示。

步骤 14 重复上述步骤依次抠出飞机、帆船、铅笔、鱼、放大镜、树等元素，并调整大小、位置、透明度、图层混合模式（变亮），效果如下右图所示。

步骤 15 使用横排文字工具输入文字并设置字体、大小、位置、颜色，效果如下左图所示。

步骤 16 双击文字图层，打开"图层样式"对话框，添加"描边"样式，设置相关参数，如下右图所示。

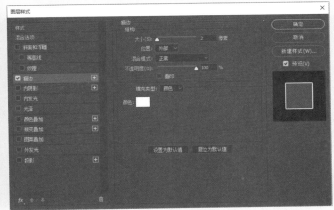

步骤 17 新建一个图层，绘制矩形选区，设置前景色为白色，并填充选区，如下左图所示。

步骤 18 执行"滤镜>杂色>添加杂色"命令，打开"添加杂色"对话框，设置参数，如下右图所示。

步骤 19 执行"滤镜>模糊>动感模糊"命令，在打开的"动感模糊"对话框中设置相关参数，如下左图所示。

步骤 20 按下Ctrl+D组合键取消选区，将其移至适当位置，如下右图所示。

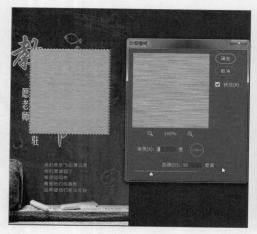 

步骤 21 按下Ctrl+Alt+G组合键为"教"图层添加剪贴蒙版，按下Ctrl+T组合键进行变换角度操作，如下左图所示。

步骤 22 按下Ctrl+M组合键，打开"曲线"对话框，设置相关参数，使粉笔字效果更明显，如下右图所示。

 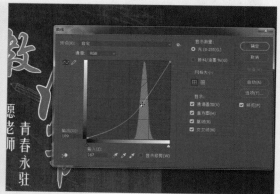

步骤 23 根据相同的方法设置"师"和"节"图层，效果如下左图所示。

步骤 24 选择矩形工具，绘制2像素高的长方形，并适当调整位置，如下右图所示。

步骤 25 复制长方形，调整位置并垂直放置，效果如下左图所示。

步骤 26 复制绘制的两个长方形，调整位置，效果如下右图所示。

步骤 27 将出版社的Logo图片导入画布中，调整其大小，如下左图所示。

步骤 28 执行"图像>调整>反相"命令，设置图层混合模式为"滤色"，按下Ctrl+T组合键来调整其大小和位置，效果如下右图所示。

步骤 29 拖曳"五本书叠摞.jpg"素材至文档中，放置在合适的位置，如下左图所示。

步骤 30 去除背景颜色并调整大小，然后对教师节海报的色阶、色相等参数进行调整，最终效果如下右图所示。

课后练习

1. 选择题

（1）使用（　　）工具可以修复人物图像脸上的黑点。

    A. 修复画笔工具   B. 污点修复工具

    C. 修补工具   D. 内容感知移动工具

（2）使用（　　）工具可以从图像中拷贝信息，并应用到其他区域或其他图像中。

    A. 仿制图章工具   B. 图案图章工具

    C. 修复画笔工具   D. 红眼工具

（3）使用减淡工具时，在属性栏中设置范围不包括（　　）选项。

    A. 阴影   B. 中间调

    C. 变暗   D. 高光

（4）设置修复画笔工具属性时，以下属于该工具的模式是（　　）。

    A. 正片叠底   B. 变亮

    C. 明度   D. 以上都是

2. 填空题

（1）＿＿＿＿＿＿＿＿工具除了可以在原图中取样外，还可以使用图案对部分图像进行填充处理等操作。

（2）＿＿＿＿＿＿＿＿工具可以选择移动局部图像，并且移动之后自动修补出现的空洞。

（3）使用工具箱中的选框工具创建选区后，可以使用＿＿＿＿＿＿＿＿工具进行拖曳，对选中的图像进行修补。

3. 上机题

    根据本章学习内容，用户可以打开相应的素材文件，练习使用修复画笔工具去除人物脸上的皱纹，如下图所示。

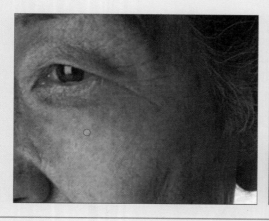

Chapter 08 滤镜效果

本章概述

滤镜可以说是Photoshop中最神奇的一个功能了，除了系统自带的一些常规滤镜和滤镜组外，也包括了一些外挂滤镜和滤镜组。这些滤镜不仅可以校正照片、制作特效，还可以表现出多样化的绘画特效。本章将带领读者认识并学习滤镜的相关知识。

核心知识点

❶ 了解滤镜的原理
❷ 了解特殊滤镜的使用
❸ 掌握常规滤镜的使用
❹ 掌握智能滤镜的使用

8.1 认识滤镜

滤镜原本为一种摄影器材，一般置于摄像头的前面，用于改变图像的色温或者产生特殊的视觉效果。下左图是拍摄的原图。下右图是使用柔光滤镜拍摄出来的效果，这一效果可以在Photoshop中使用模糊滤镜表现。Photoshop的滤镜就如同摄影师在照相机镜头前安装的各种特殊镜头一样，可以在很大程度上丰富图像的效果。

8.1.1 滤镜的工作原理

滤镜是Photoshop中通过操纵图像的像素，即改变图像中像素的颜色或者位置来实现特效的。下左图为原图效果。使用"玻璃"滤镜后像素明显发生了变化，如下右图所示。

8.1.2 滤镜的使用

滤镜在使用时对图层有严格的要求，选中的图层必须是可见的，并且很多滤镜是不能批量化处理图像的，只能独立地处理当前选中的图层。因为滤镜是通过修改图像中的像素参数来达到不同效果的，因此相同的图像不同的像素分辨率，应用同样的滤镜处理后的效果是不一样的。

8.2 特殊滤镜

滤镜的种类非常多，Photoshop将一部分特殊的滤镜进行独立分组，本节将对这些特殊滤镜的应用进行讲解。

8.2.1 滤镜库概述

滤镜库虽然存放在"滤镜"菜单中，但它并不是滤镜，而是一个综合的滤镜库。在"图层"面板中选择需要添加滤镜的图层，然后在菜单栏中执行"滤镜>滤镜库"命令，如下左图所示。

滤镜库中包括风格化、画笔描边、扭曲等滤镜组（下面会详细讲解滤镜组），当选择某滤镜后，在对话框中可以对该滤镜的相关参数进行详细介绍，如下右图所示。

8.2.2 "自适应广角"滤镜

"自适应广角"滤镜一般用于处理一些全景图片或者是使用鱼眼镜头拍摄的照片。需使用"自适应广角"滤镜对因拍摄造成的图像变形进行修正，则在菜单栏中执行"滤镜>自适应广角"命令，如下左图所示。

会弹出"自适应广角"对话框，然后对相关参数进行设置，如下右图所示。

8.2.3 Camera Raw滤镜

Raw文件一般是未经压缩处理的原始图像，Camera Raw滤镜一般用于处理Raw文件。在菜单栏中执行"滤镜>Camera Raw 滤镜"命令，如下左图所示。

然后在弹出的Camera Raw对话框中进行参数设置，如下右图所示。

8.2.4 "镜头校正"滤镜

在Photoshop 中，"镜头校正"滤镜是一个独立的滤镜，可用于修复常见的镜头瑕疵，如桶形和枕形失真、晕影等。在菜单栏中执行"滤镜>镜头校正"命令，如下左图所示。

将弹出"镜头校正"对话框，切换到"自定"选项卡下，进行相关参数的设置后单击"确定"按纽，如下右图所示。

8.2.5 "液化"滤镜

"液化"滤镜对调整人像的胖瘦、脸型以及腿形等非常有效，而且调整后的效果非常自然。使用"液化"滤镜对人物进行处理时，需要准确地设置变形效果。在菜单栏中执行"滤镜>液化"命令，如下左图所示。

然后在弹出的"液化"对话框中，使用"脸部工具"对人物的脸型进行处理，如下右图所示。

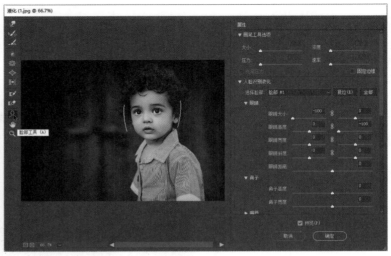

为人物脸部应用"液化"滤镜后的对比效果，如下图所示。

8.3 滤镜组

滤镜组是将功能类似的滤镜归类编组，Photoshop中有许多滤镜组，每个滤镜组下包含了多个滤镜，其中的每个滤镜效果各不相同，包括3D、"风格化"、"模糊"、"模糊画廊"、"像素化"和"渲染"滤镜等，如下图所示。

8.3.1 "风格化"滤镜组

"风格化"滤镜组可以置换像素、查找并增加图像的对比度，制作出绘画和印象派风格化艺术效果，其中包括"查找边缘"、"等高线"、"风"、"浮雕效果"、"扩散"、"拼贴"、"曝光过度"、"凸出"和"油画"9种滤镜。

"拼贴"滤镜可以将图像分成块状并使其偏离原本的位置。在菜单栏中执行"滤镜>风格化>拼贴"命令，如下左图所示。在弹出的"拼贴"对话框中进行参数设置，如下右图所示。

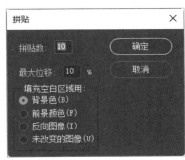

在"拼贴"对话框中，"拼贴数"参数用于设置瓷砖的个数，"最大位移"参数用于设置瓷砖之间的空间，然后在"填充空白区域用"选项区域中选择设置瓷砖之间的颜色处理方法。为图像应用"拼贴"滤镜后，查看与原图像的对比效果，如下图所示。

8.3.2 "画笔描边"滤镜组

"画笔描边"滤镜组中的滤镜可以模拟出不同画笔或油墨笔刷勾画图像的效果，从而产生各种绘画效果。"画笔描边"滤镜组中包含"成角的线条"、"墨水轮廓"、"喷溅"、"喷色描边"、"强化的边缘"、"深色线条"、"烟灰墨"、和"阴影线"8个滤镜。其中，有的滤镜可以通过油墨效果和画笔勾画图像生成绘画效果，有的滤镜可以为图像添加颗粒、纹理等效果。

"墨水轮廓"滤镜是"画笔描边"滤镜组中较为典型的滤镜，又称为"彩色速写"滤镜。在菜单栏中执行"滤镜>滤镜库"命令，打开"滤镜库"对话框，选择"画笔描边>墨水轮廓"滤镜，如下图所示。

在"墨水轮廓"对话框中，"描边长度"参数用于调整画笔的长度；"深色强度"参数的值越大，阴影部分越大，画笔越深；"光照强度"参数的值越大，高光区域越大。为图像应用"墨水轮廓"滤镜后查看与原图像的对比效果，如下图所示。

8.3.3 "模糊"滤镜组

"模糊"滤镜组中的滤镜可以对图像中相邻像素之间的对比度进行柔化、削弱，使图像产生柔和、模糊的效果。其中包括"高斯模糊"、"动感模糊"、"表面模糊"、"方框模糊"、"模糊"、"进一步模糊"、"径向模糊"、"镜头模糊"、"平均"、"特殊模糊"和"形状模糊"11个滤镜。

"高斯模糊"滤镜是"模糊"滤镜组中较为典型的滤镜，在菜单栏中执行"滤镜>模糊>高斯模式"命令，如下左图所示。在弹出的"高斯模糊"对话框中进行参数设置，如下右图所示。

　　"高斯模糊"滤镜是通过设置半径值来设置模糊效果，在"高斯模糊"对话框中，"半径"值越大，模糊效果越强烈，半径值范围为0.1~250之间。为图像应用"高斯模糊"滤镜后查看与原图像的对比效果，如下图所示。

8.3.4 "扭曲"滤镜组

　　"扭曲"滤镜组中的滤镜可以对图像进行扭曲，创建3D或其他变形效果。其中包括"波浪"、"波纹"、"玻璃"、"海洋波纹"、"极坐标"、"挤压"、"扩散亮光"、"切变"、"水波"、"球面化"、"旋转扭曲"、"置换"12个滤镜。

　　"玻璃"滤镜可以模拟透过玻璃观看图像的效果，在菜单栏中执行"滤镜>滤镜库"命令。在弹出的对话框中选择"扭曲>玻璃"滤镜，然后对"玻璃"滤镜的参数进行设置，如下图所示。

　　为图像应用"玻璃"滤镜后查看与原图像的对比效果，如下图所示。

8.3.5 "锐化"滤镜组

"锐化"滤镜组中的滤镜可以通过增强相邻像素间的对比度来聚焦模糊的图像，使图像变得清晰，与"模糊"滤镜组功能相反。该滤镜组中包括"USM锐化"、"防抖"、"进一步锐化"、"锐化"、"锐化边缘"、"智能锐化"6个滤镜。

"USM锐化"滤镜用于调整图像的像素边缘对比度，使画面更加清晰。在菜单栏中执行"滤镜>锐化>USM锐化"命令，如下左图所示。在弹出的"USM锐化"对话框中进行参数设置，如下右图所示。

为图像应用"USM锐化"滤镜后查看与原图像的对比效果，如下图所示。

实战练习 制作烟花效果

烟花姹紫嫣红，转瞬即逝，犹如昙花一现，本案例将介绍如何使用Photoshop的"高斯模糊"滤镜把烟花绽放的美丽瞬间定格下来，具体操作如下。

步骤 01 新建一个800×800像素的文档，设置背景颜色为黑色，如下左图所示。

步骤 02 新建图层，使用椭圆选框工具在画布中心绘制正圆，按下Shift+F6组合键，打开"羽化"对话框并进行羽化设置，效果如下右图所示。

步骤 03 设置前景色为#B4340D，按下Alt+Delete组合键填充颜色，然后取消选区。执行"滤镜>高斯模糊"命令，在打开的对话框中设置参数，效果如下左图所示。

步骤 04 新建图层，使用钢笔工具绘制选区并右击，在快捷菜单中选择"建立选区"命令，在打开的对话框中设置羽化半径为3像素，然后设置填充颜色为#EE5124，如下右图所示。

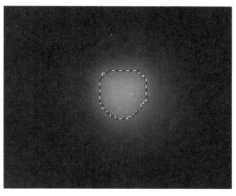

步骤 05 新建图层，使用钢笔工具绘制选区，并设置羽化半径为2像素，然后填充白色，如下左图所示。

步骤 06 在"背景"图层上方新建图层，使用钢笔工具绘制一条光束的路径，转为选区后填充白色，效果如下右图所示。

步骤 07 按照相同的方法绘制其它光束，部分光束添加淡淡的渐变色。每一个图层放一条光束，方便以后修改，效果如下左图所示。

步骤 08 设置渐变效果制作一组带发光效果的光束，使用钢笔工具绘制光束的选区，拉好渐变后暂时不要取消选区，效果如下右图所示。

步骤 09 在光束图层下方新建图层，填充暗红色并取消选区。执行"滤镜>模糊>高斯模糊"命令，在打开的对话框中设置半径为3像素，然后按下Ctrl+J组合键执行复制操作，如下左图所示。

步骤 10 为了便于观察，把上面的光束隐藏，效果如下右图所示。

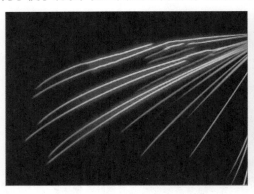

步骤 11 按照同样的方法制作出其余的光束，效果如下左图所示。

步骤 12 打开下右图所示的笔刷素材图片，然后执行"编辑>定义画笔预设"命令，在打开的对话框中定义画笔名称。

步骤 13 在"背景"图层上方新建图层，选择画笔工具，使用刚定义的笔刷，在中心光点附近绘制光点，设置颜色为淡黄色，如下左图所示。

步骤 14 新建图层，按下Ctrl+Alt+Shift+E组合键盖印图层。执行"滤镜>模糊>高斯模糊"命令，在打开的对话框中设置半径为5像素，然后将图层混合模式改为"柔光"，效果如下右图所示。

步骤15 新建图层并盖印图层，使用减淡工具把画面中间部分涂亮一点，效果如下左图所示。

步骤16 新建图层，使用椭圆选框工具拉出正圆选区，打开"羽化选区"对话框，设置羽化半径为10像素后，填充颜色为#FDB212，效果如下右图所示。

步骤17 复制当前图层，并将图层混合模式改为"颜色减淡"，设置图层不透明度为100%，效果如下左图所示。

步骤18 打开"曲线"对话框，调整绿色和蓝色的参数。至此烟花效果制作完成，如下右图所示。

8.3.6 "视频"滤镜组

"视频"滤镜组中的滤镜是通过对从设备中提取的图像进行隔行扫描的方式，使图像可以被视频设备接受。"视频"滤镜组中只有"NTSC颜色"和"逐行"两个滤镜。

8.3.7 "纹理"滤镜组

"纹理"滤镜组中的滤镜主要用于生成具有纹理效果的图案，为图像添加纹理质感，一般用于模拟一些具有深度感的物体外观。"纹理"滤镜组包括"龟裂缝"、"颗粒"、"马赛克拼贴"、"拼缀图"、"染色玻璃"和"纹理化"6种滤镜。

"龟裂缝"滤镜可以使图像表现出带有龟裂缝的材质效果，在菜单栏中执行"滤镜>滤镜库"命令，在弹出的对话框中选择"纹理>龟裂缝"滤镜，然后设置相关参数，如下图所示。

为图像应用"龟裂缝"滤镜后查看与原图像的对比效果，如下图所示。

8.3.8 "素描"滤镜组

"素描"滤镜组中的滤镜是通过模拟手绘、素描和速写等艺术手法来使图像产生不同的艺术效果。"素描"滤镜组中包括"半调图案"、"便条纸"、"粉笔和炭笔"、"铬黄渐变"、"绘图笔"、"基地凸显"、"石膏效果"、"水彩画纸"和"撕边"等14种滤镜。

"水彩画纸"滤镜利用有污点的、类似画在潮湿的纤维的涂抹，使颜色流动并混合。在菜单栏中执行"滤镜>滤镜库"命令，在弹出的对话框中选择"素描>水彩画纸"滤镜，然后设置相关参数，如下图所示。

为图像应用"水彩画纸"滤镜后查看与原图像的对比效果，如下图所示。

8.3.9 "像素化"滤镜组

"像素化"滤镜组中的滤镜是通过使单元格中颜色相似的像素结成块来对一个选区做清晰的定义，可以制作如彩块、点状、晶格和马赛克等特殊效果。"像素化"滤镜组中包括"彩块化"、"彩色半调"、"点状化"、"晶格化"、"马赛克"、"碎片"和"铜版雕刻"7种滤镜。

"马赛克"滤镜一般用于在图像上制作朦胧的空间效果，在菜单栏中执行"滤镜>像素化>马赛克"命令，如下左图所示。在弹出的"马赛克"对话框中进行参数设置，如下右图所示。

为图像应用"马赛克"滤镜后查看与原图像的对比效果，如下图所示。

8.3.10 "渲染"滤镜组

"渲染"滤镜组中的滤镜可以在图像中创建灯光效果、3D形状云彩图案、折射图案或者模拟光的反射效果，是一个十分重要的特效滤镜，其中包括"火焰"、"图片框"、"树"、"分层云彩"、"纤维"、"光照效果"、"镜头光晕"和"云彩"8种滤镜。

"树"滤镜是Photoshop CC新增的滤镜功能，在菜单栏中执行"滤镜>渲染>树"命令，在弹出的"树"对话框中进行参数设置，如下图所示。

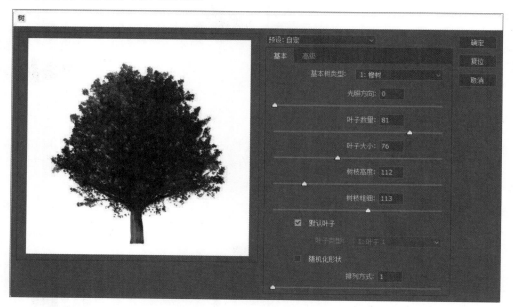

为图像应用"树"滤镜后查看与原图像的对比效果，如下图所示。

8.3.11 "艺术效果"滤镜组

"艺术效果"滤镜组主要用于为美术或者商业项目制作绘画效果或艺术效果，该滤镜组中包括"壁画"、"彩色铅笔"、"粗糙蜡笔"、"干画笔"、"海报边缘"、"绘画涂抹"、"木刻"、"塑料包装"和"调色刀"等滤镜。

"塑料包装"滤镜可以产生塑料薄膜封包的效果，使模拟出的塑料薄膜沿着图像的轮廓线分布，从而令整幅图像具有鲜明的立体质感。在菜单栏中执行"滤镜>滤镜库"命令，在弹出的对话框中选择"艺术效果>塑料包装"滤镜，然后设置相关参数，如下图所示。

为图像应用"塑料包装"滤镜后查看与原图像的对比效果，如下图所示。

8.3.12 "杂色"滤镜组

"杂色"滤镜组可以为图像添加或去除杂色以及随机分布色阶的像素，从而创建出不同的纹理效果。"杂色"滤镜组中包括"减少杂色"、"蒙尘与划痕"、"去斑"、"添加杂色"和"中间值"5种滤镜。

"添加杂色"滤镜可以为图像添加一些细小的像素颗粒，使其混合到图像里的同时产生色散效果，常用于添加杂点纹理效果。在菜单栏中执行"滤镜>杂色>添加杂色"命令，如下左图所示。在弹出的"添加杂色"对话框中进行参数设置，如下右图所示。

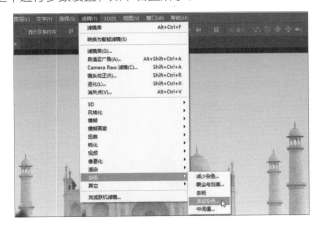 

为图像应用"添加杂色"滤镜后查看与原图像的对比效果，如下图所示。

8.3.13 "其他"滤镜组

"其他"滤镜组中包括"自定"、"高反差保留"、"位移"、"最大值"和"最小值"滤镜，通过该滤镜组用户可以进行自定义滤镜或修改蒙版等操作。

"最大值"滤镜用于向外扩展白色区域并收缩黑色区域，在菜单栏中执行"滤镜>其他>最大值"命令，如下左图所示。在弹出的"最大值"对话框中进行参数设置，如下右图所示。

为图像应用"最大值"滤镜并进行相关参数后，查看与原图像的对比效果，如下图所示。

知识延伸：智能滤镜和普通滤镜区别

　　智能滤镜是Photoshop中比较实用的功能，是从Photoshop CS3版本开始出现的功能，是一种非破坏性的滤镜。普通的滤镜是通过修改图像的像素来呈现特效，智能滤镜也可以呈现不同的特效，但不会改变原图像的像素。

　　在Photoshop中，选中需要应用普通滤镜的图层，图像的原始效果如下左图所示。打开"滤镜库"对话框，选择"艺术效果>调色刀"滤镜，然后设置"调色刀"滤镜的参数，单击"确定"按钮应用该滤镜，效果如下右图所示。在"图层"面板中可见图像被修改了，如果执行保存并关闭操作，就无法恢复原图像了。

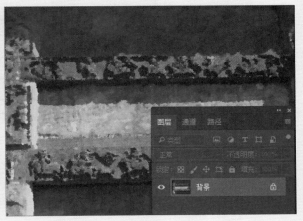

　　智能滤镜是将滤镜效果应用在智能对象上，不会修改图像的原始数据。选中需要应用滤镜的图层，执行"滤镜>转换为智能滤镜"命令，在弹出的对话框中单击"确定"按钮，即可将背景图层转换为智能对象，在图层右下角有智能对象的标志，如下左图所示。按照同样的方法应用"调色刀"滤镜效果，如下右图所示。可见使用智能滤镜应用"调色刀"滤镜的效果和普通滤镜的效果一样，在"图层"面板中可见"调色刀"滤镜应用在图层下方的智能滤镜层上，不会改变原图像的像素。

　　应用智能滤镜后，如果不再需要该特效，用户可以将其删除。打开"图层"面板，将需要删除的智能滤镜拖曳至面板下方的"删除图层"按钮上。如果需要删除应用在智能对象上的所有滤镜，则选中该智能对象后，执行"图层>智能滤镜>清除智能滤镜"命令。

上机实训：制作禁止酒驾宣传广告

饮酒驾车，特别是醉酒后驾车，对道路交通安全的危害十分严重，下面我们将设计酒驾的海报。本案例采用简约美观的效果，添加一些提示文字和警示标志，颜色鲜艳、活泼，可以刺激司机的感官，引起注目。

步骤 01 执行"文件>新建"命令，创建一个新文档，设置相关参数，如下左图所示。

步骤 02 设置前景色颜色稍浅一些，前景色参数设置如下右图所示。

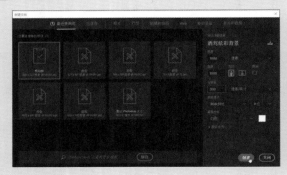 

步骤 03 接着设置背景色，参数设置如下左图所示。

步骤 04 选中创建的新图层，执行"滤镜>渲染>云彩"命令，制作一个对比度强烈的云彩效果，如下右图所示。

步骤 05 在菜单栏中执行"滤镜>像素化>马赛克"命令，在打开的"马赛克"对话框中进行参数设置，如下左图所示。

步骤 06 按下Ctrl+J组合键，复制新图层，然后按下Ctrl+T组合键，将画布旋转90度，使图案左右对称，如下右图所示。

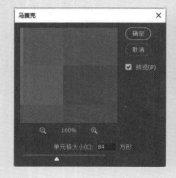 

步骤 07 按下Ctrl+T组合键，对复制的图层执行自由变换操作，效果如下左图所示。

步骤 08 选中"图层1"图层，按照相同的方法执行变换操作，效果如下右图所示。

步骤 09 选中第一个图层，设置混合模式为"叠加"，效果如下左图所示。

步骤 10 使用裁剪工具，在图像中拖出一个裁剪区域，然后在裁剪区双击完成裁剪操作，如下右图所示。

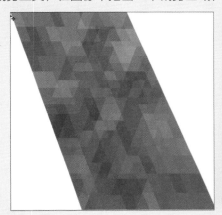 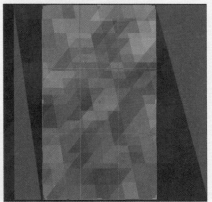

步骤 11 新建图层，使用渐变工具为图层添加渐变效果，颜色色值为C4、M9、Y1、K00和C8、M38、Y0、K0，如下左图所示。

步骤 12 设置图层的混合模式为"滤色"，然后合并所有图层，并设置图层混合模式，完成渐变马赛克背景的制作，效果如下右图所示。

步骤 13 执行"图像>图像大小"命令，在打开的"图像大小"对话框中设置相关参数，如下左图所示。

步骤 14 执行"文件>新建"命令，创建"禁止酒驾公益广告"文档，参数设置如下右图所示。

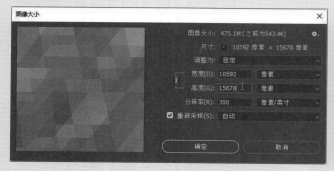 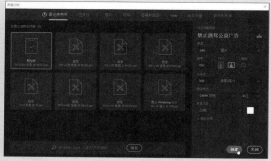

步骤 15 将背景拖至新建的画布中，获得炫彩图层，设置图层混合模式为强光，使炫彩图层亮一些，不透明度设置为70%，如下左图所示。

步骤 16 新建图层，使用钢笔工具绘制一条公路路径，如下右图所示。

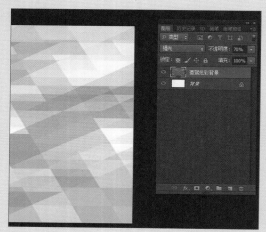 

步骤 17 将绘制的路径转换为选区，然后填充颜色，如下左图所示。

步骤 18 执行"滤镜>杂色>添加杂色"命令，在打开的"添加杂色"对话框中设置参数，添加杂色的目的是多些马路纹理，如下右图所示。

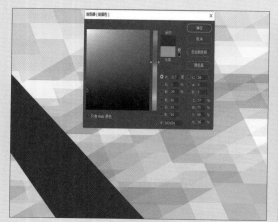 

步骤 19 执行"滤镜>模糊>高斯模糊"命令，在打开的对话框中设置"半径"值为2.4，如下左图所示。

步骤20 新建图层，然后使用钢笔工具绘制公路两侧的边线及中间黄线，分别填充白色和黄色，效果如下右图所示。

步骤21 把"红绿灯.jpg"素材拖到画布中，选择钢笔工具，沿着红绿灯绘制曲线，抠取红绿灯并进行反选，按下Ctrl+Shift+I组合键盖印可见层，如右图所示。

步骤22 将红绿灯放在公路旁边，调整位置，把红绿灯的柱子放在公路图层后面，使其与公路相搭，如下左图所示。

步骤23 使用文字工具输入宣传广告语文字，设置字体格式，如下右图所示。

步骤24 选中文字图层，添加"渐变叠加"图层样式，并设置渐变的参数，如下左图所示。

步骤25 把"喷溅血液.jpg"素材拖入图层中，使用魔棒工具，选取白色部分，并按下Shift+F6组合键进行羽化操作，设置羽化半径为10像素，并删除白色部分，然后把喷溅血液图像放大，放置在文字后面，如下右图所示。

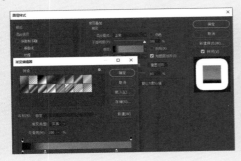 

步骤26 把"车祸小汽车.jpg"素材拖至文档中，使用魔棒工具，删除多余的灰色部分，若素材中有羽化不到的地方，可以多操作几次，如下左图所示。

步骤27 按下Ctrl+T组合键执行自由变换操作，调整车的位置和大小，如下右图所示。

步骤28 把"酒瓶.jpg"素材拖至文档中，并执行羽化操作，设置羽化半径值为5像素，按下Delete键删除多余白色部分，如下左图所示。

步骤29 按下Ctrl+T组合键，执行自由变换操作，将啤酒瓶放大并调整位置，如下右图所示。

步骤30 把"手铐.jpg"素材拖至文档中，然后执行羽化操作，设置羽化半径值为5像素，按下Delete键删除多余白色部分，如下左图所示。

步骤31 把手铐图层拖至酒瓶图层上面，按下Ctrl+T组合键，执行自由变换操作，把双手按照下面瓶身大小摆放，效果如下右图所示。

步骤 32 选中双手图层，然后设置图层的混合模式为"正片叠底"，如下左图所示。

步骤 33 把"城市剪影.jpg"素材拖至画面中，使用魔棒工具将白色背景去掉，对导入的素材执行变换操作，调整剪影素材的位置，如下右图所示。

步骤 34 使用渐变工具，为城市剪影设置渐变颜色，使其更亮丽，如下左图所示。

步骤 35 选中城市剪影图层，然后设置图层混合模式为"颜色加深"，如下右图所示。

 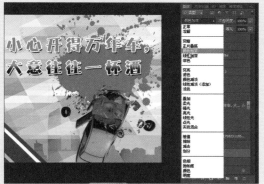

步骤 36 把"警察卡通"素材拖至文档中，使用魔棒工具去除白色部分，然后把素材放大并移至公路上，如下左图所示。

步骤 37 把"绿植.jpg"素材拖至文档中，使用魔棒工具删除白色部分，执行"编辑>变换>水平翻转"命令，把素材放在左上角。至此，该案例制作完成，最终效果如下右图所示。

课后练习

1. 选择题

（1）在Photoshop中执行"滤镜>自适应广角"命令或按下（　　）组合键，可打开"自适应广角"对话框，对图像的变形效果进行修正。

A. Alt+Shift+Ctrl+A 　　　　　　B. Shift+Ctrl+A

C. Alt+Shift+A 　　　　　　　　D. Ctrl+Alt+A

（2）（　　）滤镜可以通过勾画图像或选区的轮廓和降低周围色值，生成凸起或凹陷的效果。

A. 等高线 　　　　　　　　　　B. 拼贴

C. 浮雕 　　　　　　　　　　　D. 查找边缘

（3）在Photoshop中"高斯模糊"滤镜属于（　　）滤镜组。

A. 扭曲 　　　　　　　　　　　B. 模糊画廊

C. 画笔描边 　　　　　　　　　D. 模糊

（4）（　　）滤镜对调整人像的胖瘦、脸型以及腿形等非常有效，而且调整后的效果非常自然。

A. 镜头校正 　　　　　　　　　B. 锐化边缘

C. 液化 　　　　　　　　　　　D. 去斑

2. 填空题

（1）在Photoshop中，_____滤镜可以在保留边缘的同对图像进行模糊。

（2）_____滤镜可以对因为广角镜头拍摄而造成的图像变形进行修正。

（3）在使用"光照效果"滤镜处理图像时，Photoshop提供了3种光源，分别为_____、_____和_____。

（4）删除应用在智能对象上的所有滤镜，选中该智能对象，然后执行_____命令。

3. 上机题

通过本章内容的学习，下面练习使用"高斯模糊"滤镜，并导入相应的素材图片，制作出斑驳的图章效果，如下图所示。

 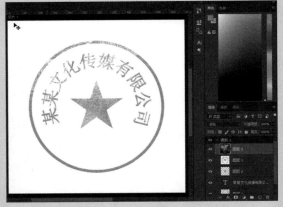

Kdlanna
卡莉安娜

Kdlanna
卡莉安娜

289 快来抢购吧

安娜鲜颜肌活修护

Part 02

综合案例篇

学习了Photoshop的基本操作、图层与选区、文字与形状、蒙版与通道、图像的修复以及滤镜的应用后，在综合案例篇，我们将对所学知识进行灵活运用，制作不同的平面设计作品，如海报、广告、包装和网页设计等，让理论与实践相结合，做到学以致用。

Chapter 09 化妆品广告设计

本章概述

广告与人们的生活息息相关，是向消费者或用户传播商品或服务信息的有效手段。本章通过介绍化妆品广告的设计过程，让读者对使用Photoshop进行广告设计有一定的了解。

核心知识点

❶ 了解广告设计的形式
❷ 掌握铅笔工具的应用
❸ 熟悉渐变的设置
❹ 掌握图层样式的应用

9.1 广告设计概述

在日常生活中，我们随时都有可能接收到各种广告信息，翻开报纸、打开电视、网上冲浪，广告已经渗透到生活的方方面面。广告是传递信息的一种方式，是广告主与受众间的媒介，可以达到一定的商业经济目的。广告设计是指从创意到制作的整个过程，由广告的主题、创意、文字、形象等要素构成，从而达到吸引消费者眼球的目的。广告设计包括所有的广告形式，如二维广告、三维广告、展示广告等。下左图为手机灯箱广告设计效果，下右图为啤酒路牌广告创意效果。

9.2 化妆品造型设计

化妆品对于我们来说并不陌生，在电视、网络和商场随处可见化妆品广告。下面我们将介绍制作化妆品主体的操作，本案例将使用到钢笔工具、渐变工具、图层样式等功能，从而制作出立体化妆品的效果，具体操作方法如下。

步骤 01 执行"文件>新建"命令，在弹出的对话框中设置各项参数，创建新文档，如下图所示。

步骤 02 打开"拾色器（前景色）"对话框，设置前景色为浅粉色，色值为C1、M16、Y0、K0，如下左图所示。

步骤 03 按下Ctrl+Shift+N组合键新建图层，使用钢笔工具绘制化妆品的瓶身形状，如下右图所示。

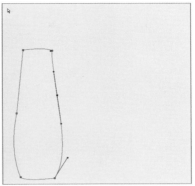

步骤 04 将绘制的化妆品瓶子形状转换为选区，使用渐变工具为其填充颜色，按下Ctrl+D组合键取消选区，颜色设置参照下左图所示。

步骤 05 新建图层，使用钢笔工具绘制出阴影部分，设置填充阴影颜色为深一些的粉红色，并将图层混合模式更改为"正片叠底"，如下右图所示。

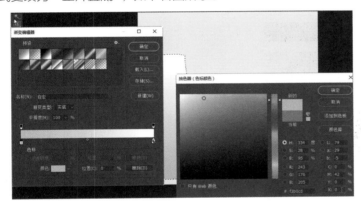

步骤 06 选择阴影部分，执行"滤镜>模糊>高斯模糊"命令，打开"高斯模糊"对话框，拖曳"半径"滑块，调整图像的模糊程度，效果如下左图所示。

步骤 07 按下Ctrl+J组合键复制阴影部分，执行"编辑>变换>水平翻转"命令，把复制后的阴影图形摆放在瓶子的另一侧行成对称效果，如下右图所示。

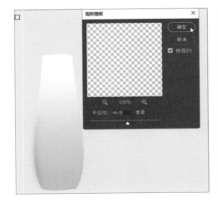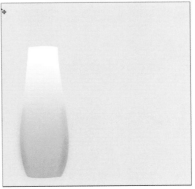

步骤 08 新建图层，使用矩形选框工具在瓶子中间绘制矩形并填充白色，矩形大小可以根据需要进行调整，如下左图所示。

步骤 09 执行"滤镜>模糊>高斯模糊"命令，在打开的对话框中设置"半径"的数值为92像素，将图层混合模式更改为"变亮"，效果如下右图所示。

步骤 10 新建图层，使用矩形选框工具在瓶子正上方绘制一个瓶盖图形，并填充深一点的粉红色，效果如下左图所示。

步骤 11 新建图层，使用矩形工具在瓶盖的中间绘制深色阴影区域，然后打开"高斯模糊"对话框并设置半径值，效果如下右图所示。

步骤 12 新建图层，使用矩形选框工具在瓶盖阴影两侧绘制高光部分，根据相同的方法设置高斯模糊，效果如下左图所示。

步骤 13 使用钢笔工具在瓶盖的上方绘制一个半圆区域，将路径转换为选区，并按下DeLete键执行删除操作，效果如下右图所示。

步骤 14 选择瓶盖区域，按下Ctrl+Shift+I组合键进行反向选择，依次选择多余的羽化并删除，效果如下左图所示。

步骤 15 使用钢笔工具绘制出下右图所示区域，然后按下Ctrl+Enter组合键将其变换成选区，并填充颜色。

步骤 16 执行"选择>修改>羽化"命令，在打开的"羽化选区"对话框中设置羽化值为10像素，紧接着在瓶盖的上面绘制出高光部分，效果如下左图所示。

步骤 17 然后在瓶盖下面绘制两条直线，绘制线条的主要目的是使真实感更加强烈些，设置直线的颜色仅供参考，如下右图所示。

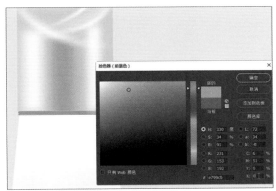

步骤 18 使用横排文字工具在瓶身上输入文字，然后添加"渐变叠加"图层样式，灰色色值为C31、M24、Y23、K0，再添加"投影"效果，渐变参数如下左图所示。

步骤 19 使用钢笔工具，在瓶身上绘制两条曲线，并将其转换为选区，按照相同的方法添加和文字一样的渐变叠加样式，效果如下右图所示。

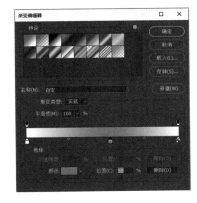

步骤 20 按下Ctrl+J组合键复制曲线图层，并进行水平翻转，然后将其放置在左上方，使两条曲线更加柔美地贴合瓶子本身，效果如下左图所示。

步骤 21 使用圆角矩形工具绘制瓶子底部，在瓶子的下面绘制一个贴合瓶子的路径，并设置渐变填充，效果如下右图所示。

步骤 22 把绘制好的底部形状放在瓶子下面，并设置该图层混合模式为"明度"，使其更像是玻璃的本身色泽，并且立体感十足，如下左图所示。

步骤 23 接着绘制瓶子周围的其他产品形状，新建图层，使用钢笔工具绘制一个管状的效果，并填充颜色为C6、 M51、Y0、K0，效果如下右图所示。

步骤 24 新建图层，使用圆角矩形工具在下方绘制瓶盖部分并填充渐变颜色，然后设置图层混合模式，制作图像立体效果，如下左图所示。

步骤 25 新建图层，使用矩形选框工具在瓶子上方绘制矩形，并添加"斜面和浮雕"图层样式，设置水平纹理效果，最后调整选框的角度，效果如下右图所示。

步骤 26 新建图层，使用钢笔工具在瓶身的两边绘制出瓶体的高光部分，并应用高斯模糊滤镜，效果如下左图所示。

步骤 27 使用钢笔工具在瓶体的上方绘制一个选区，然后使用渐变工具，设置前景色到透明渐变，效果如下右图所示。

步骤 28 然后再把左边瓶身上的文字和线条选取并复制，放在新绘制的瓶子上，调整大小到合适的比例，效果如右图所示。

9.3 制作点缀元素

　　化妆品主体制作完成后，整体感觉比较单调，缺乏美感。本节将对化妆品广告制作元素进行点缀，适当添加文字说明，使该广告更加引人注目。下面介绍具体操作方法。

步骤 01 接着以上案例，导入"水滴.jpg"素材，使用魔棒工具选择白色区域，打开"羽化选区"对话框并设置羽化半径为40像素，最后删除白色部分，效果如下左图所示。

步骤 02 如果还有多余的部分没有全部删除，可以尝试使用魔棒工具再次选择并删除，然后打开"色相/饱和度"对话框，设置相关参数，效果如下右图所示。

步骤 03 然后把"梦幻光斑.jpg"素材拖至文档中，把导入素材放在水滴图层上面，并调整大小，如下左图所示。

步骤 04 把水滴图层转为选区，按下Ctrl+Shift+I组合键进行反向选择并删除，效果如下右图所示。

步骤 05 设置图层混合模式为"颜色加深"，制作出梦幻效果。然后将"气泡.jpg"素材拖入，使用椭圆选框工具，绘制和泡泡一样大小的圆形，按下Ctrl+J组合键提取，如下左图所示。

步骤 06 把气泡适当缩小，设置图层混合模式为"变亮"，然后多复制一些泡泡，调整其大小并放在合适的位置，效果如下右图所示。

步骤 07 使用横排文字工具输入标题文字，并设置字体和字号，然后在标题下方输入功效相关文字信息，效果如下左图所示。

步骤 08 新建图层，绘制矩形并包围功能文字，为矩形添加"描边"图层样式，设置描边宽度为10像素，再添加"投影"效果，如下右图所示。

步骤 09 接着把"粉色花朵.jpg"拖至文档中，适当调整大小并进行水平翻转，把花朵图形放置在左上角，效果如下左图所示。

步骤 10 设置图层混合模式为"变暗"，此时发现花朵和化妆品瓶盖的效果有些重合，设置该图层的不透明度为50%，使用加深工具对瓶盖进行加深处理，效果如下右图所示。

步骤 11 然后在页面右侧输入产品的价格，设置字号并填充颜色，效果如下左图所示。

步骤 12 新建图层，绘制矩形并填充粉色，然后输入产品的广告语，使整个画面更加充实，该作品制作完成，最终效果如下右图所示。

Chapter 10 企业网页设计

本章概述

随着互联网应用的普及，企业网站设计越来越重要，已成为外界了解企业、树立良好企业形象的重要形式。精美的网页设计，对于提升企业的互联网品牌形象至关重要，本章将对网页设计的操作方法进行详细介绍。

核心知识点

❶ 了解网页设计的分类
❷ 了解网页设计的功能划分
❸ 掌握"图层样式"功能的应用
❹ 掌握网页设计的操作步骤

10.1 网页设计概述

互联网技术的飞速发展，网络信息已经渗透到我们工作生活的方方面面，企业网页可以向外界传递企业信息，提高企业的知名度。进入企业网站时，首先映入眼帘的是该网页的界面，如内容的介绍、按钮的摆放、文字的组合、色彩的应用、使用的引导等，都是网页设计的范畴，都是网页设计师的工作。

10.1.1 网页设计分类

网页设计是根据企业向浏览者传递的信息，如产品、服务、理念等进行网站功能策划，精美的网站页面，对提高企业的互联网品牌形象至关重要。网页设计一般分为3类，即功能型网页设计、形象型网页设计和信息型网页设计，在设计时要根据设计网页的目的，选择合适的网业设计类型。

- 功能性网页在平面设计上要求较高，不仅要求网页的美观，而且在功能和布局设计上利于优化。该类型的网页不但要考虑美观，还要结合SEO相关的知识进行布局设计，方便后续的优化推广，同时又要突出企业的品牌形象。营销型网站一般选用该网页设计类型，如下左图所示。
- 形象型网页的网站一般较小，有的只有几页，需要实现的功能也较为简单，网页设计的主要任务是突出企业形象。这类网站对设计者的美工水平要求较高，如一些中小型企业的网站。
- 信息型网页站点要为访问者提供大量的信息，而且访问量较大，页面设计时要注意页面的分割、结构合理、页面的优化和界面的亲和力等问题。腾讯、新浪、网易、搜狐等门户网站都属于信息型网站，如下右图所示。

10.1.2　网页的阶段

随着网络的日益发展，人们日常工作生活中接收到的信息很大部分来自网络，企业更是争抢着能在网络中占一席之地。进行网页设计之前需要明确设计网页的目的和用户的需求点，下面介绍网页设计要经历的几个阶段。

- 根据消费者的需求、市场的状况、企业具体情况进行综合分析，从而建立起营销模型。
- 以业务目标为中心进行功能策划，制作出栏目结构关系图。
- 以满足用户体验设计为目标，使用相关软件进行页面策划。
- 以页面精美化设计为目标，进行页面设计美化。
- 根据用户反馈，进行页面设计调整，以达到最优效果。

10.2　企业网页设计

通常情况下，一个网站的建立都会经过"分析策划—交互设计—视觉设计—前端制作—后端制作—测试上线"6个环节，而网页设计师负责的是视觉设计。下面将为大家介绍企业内部网页设计的过程，通过本案例的学习，让读者能够运用Photoshop的相关工具进行一些简单的网页设计，具体操作过程如下。

步骤 01 首先创建一个空白文档，参数设置如下左图所示。

步骤 02 按下Ctrl+R组合键，调出标尺，拉出辅助线，网页内容区域宽度设为1002px，对几大模块进行大致划分，如下右图所示。

步骤 03 首先制作网页的员工登录区域，新建图层，使用矩形选框工具绘制高35px的浅灰色矩形并输入文字，如下左图所示。

步骤 04 新建图层，使用矩形工具绘制白色输入框，双击该图层，在打开的"图层样式"对话框中设置"描边"相关参数，如下右图所示。

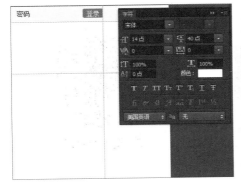
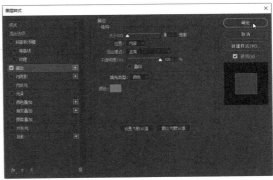

步骤 05 然后勾选"内阴影"复选框，设置白色矩形框的内阴影效果，最后单击"确定"按纽，具体参数如下左图所示。

步骤 06 使用矩形工具绘制导航条并双击该图层，在打开的对话框中设置"图案叠加"图层样式参数，如下右图所示。

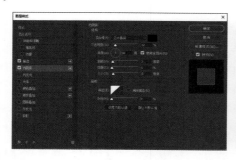 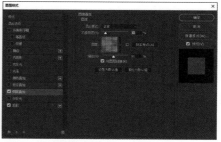

步骤 07 勾选"投影"复选框，设置矩形导航条的投影效果，单击"确定"按纽，如下左图所示。

步骤 08 根据需要在导航栏中输入相应的文字，绘制橙色矩形表示鼠标选中状态，字体为微软雅黑，字号为16号，如下右图所示。

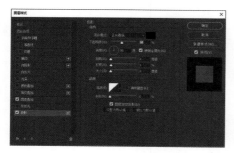 

步骤 09 在导航栏中绘制白色矩形，然后导入"华为Logo.ai"素材，在矩形下方用深灰色柔边画笔绘制阴影效果，并添加图层蒙版修整边缘，如下左图所示。

步骤 10 接着制作企业展示轮转图，首先绘制宽314px、高237px的矩形，在图层17中导入"会议.jpg"照片，建立剪贴蒙版，如下右图所示。

步骤 11 使用横排文字工具输入图片的标题，在标题右侧绘制红色描边的矩形，为其中一个矩形填充红色来表示图片轮转状态，如右图所示。

步骤 12 然后输入所需文字，设置标题字体为微软雅黑，字号为16号；文章标题字体为宋体，字号为12号，选中标题文本并设置字体颜色为红色，如下左图所示。

步骤 13 使用矩形工具，在两个标题之间绘制宽为3px的矩形，与其他模块分割，如下右图所示。

步骤 14 使用横排文字工具输入"通知公告"模块的相关信息，并设计字体格式，如下左图所示。

步骤 15 选择自定义形状工具，在属性栏中单击"形状"下拉按钮，在面板中选择形状，如下右图所示。

步骤 16 绘制形状并填充红色，然后输入文字，设置字体格式，效果如下左图所示。

步骤 17 适当调整红色形状的大小和位置，效果如下右图所示。

步骤 18 新建文档，输入名称为"条纹图案"，单击"确定"按钮，如下左图所示。

步骤 19 将背景设为透明，使用矩形工具绘制黑色正方形并调整其位置，如下右图所示。

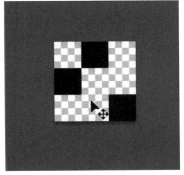

步骤 20 执行"编辑>定义图案"命令，在打开的"图案名称"对话框中输入名称，单击"确定"按钮，如右图所示。

步骤 21 返回企业网页设计文档，使用矩形工具绘制矩形，添加"图案叠加"图层样式，如下左图所示。

步骤 22 再添加"颜色叠加"图层样式，参数设置如下右图所示。

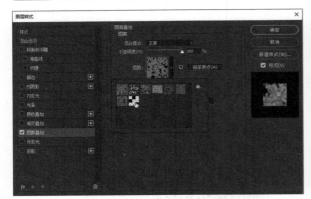

步骤 23 选中矩形工具绘制"实时数据"模块，橙色表示鼠标选中状态，如下左图所示。

步骤 24 添加"图案叠加"和"颜色叠加"图层样式制作彩色百分比对比图，如下右图所示。

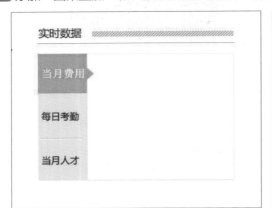
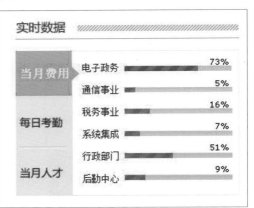

步骤 25 制作图片展示区，分别导入图片并调整大小和位置，然后输入标题，效果如下左图所示。

步骤 26 使用矩形工具绘制矩形，然后添加"图案叠加"图层样式，如下右图所示。

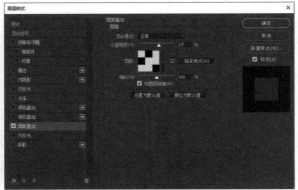

步骤27 在矩形左侧输入"会议室使用情况"文本，在其下方绘制矩形并填充绿色，如右图所示。

步骤28 使用矩形工具绘制25px×54px的矩形，填充浅绿色，如下左图所示。

步骤29 为绘制的矩形添加"描边"图层样式，如下右图所示。

步骤30 继续使用矩形工具绘制同等大小矩形，添加"图案叠加"图层样式，如下左图所示。

步骤31 然后再添加"颜色叠加"图层样式，设置颜色为灰色如下右图所示。

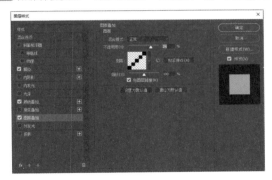

步骤32 勾选"描边"复选框，并设置相关参数，效果如下左图所示。

步骤33 灰色矩形表示不能使用的会议室，绿色矩形表示可以使用的会议室，使用横排文字工具添加房间号码，最终效果如下右图所示。

步骤34 使用矩形工具绘制细长的矩形后，使用圆角矩形工具绘制半径为15px的圆角矩形，如下左图所示。

步骤35 再绘制白色矩形，遮挡圆角矩形的下半部分，效果如下右图所示。

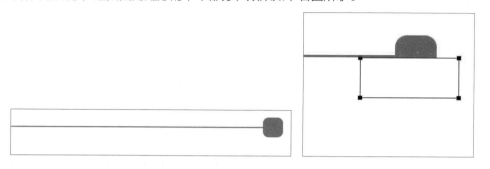

步骤36 输入相关文字，在文字下方绘制宽为220px、高为86px的矩形，然后导入图片进行剪切，调整其大小并放在矩形内，效果如下图所示。

步骤37 输入对应的文字列表信息，设置文字字体为宋体、字号为12号，文字内容可以重复，这里只是提供一个视觉样式，效果如下图所示。

步骤38 新建图层，绘制半径为8像素的圆角矩形，设置填充颜色为浅蓝色，再添加"描边"图层样式，如下左图所示。

步骤39 选中绘制的圆角矩形，按下Ctrl+T组合键，进行45°旋转，如下右图所示。

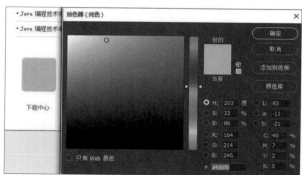

步骤 40 置入合适的图标放置在对应的圆角矩形上面，如下左图所示。

步骤 41 绘制选中状态下的按钮效果，新建圆角矩形，设置描边为浅蓝色，无填充，如下右图所示。

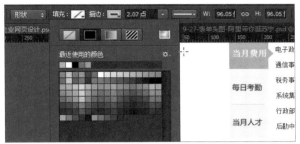

步骤 42 输入"班车时刻"文本并设置为白色，新建蓝色圆角矩形叠放于字体下方，这就是当光标放置在此图标上时视觉显示的效果，如右图所示。

步骤 43 根据功能需求，按照相同的方法绘制其他图标模块，最终效果如下图所示。

步骤 44 绘制浅灰色矩形，并添加文字内容，制作网页底部版权信息，如下图所示。

步骤 45 最后修饰网页底部和顶部。新建图层，绘制高2px、宽1280的矩形，添加"渐变叠加"图层样式，参数设置如右图所示。

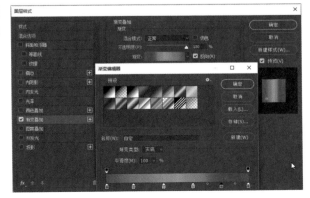

步骤 46 将彩色矩形条放置在网页底部版权信息模块上方，效果如下图所示。

步骤 47 复制彩色矩形，放置在网页顶部导航栏上方，效果如下图所示。

步骤 48 至此，网页制作完成，整体效果如下图所示。

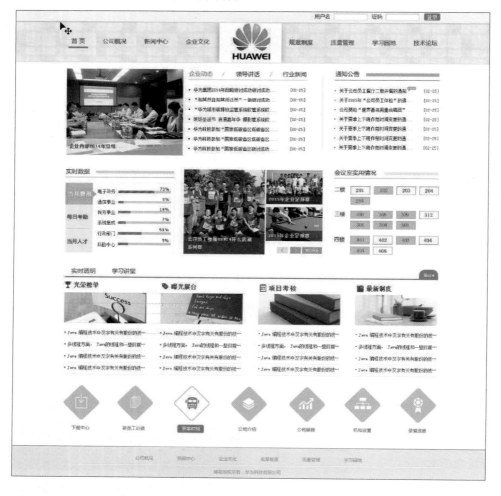

Chapter 11 油漆桶包装设计

本章概述

产品包装是品牌理念、产品特征以及消费心理的综合反映，直接影响消费者的购买欲望。随着经济的发展，人们的生活水平逐渐提高，对产品的包装也越来越挑剔。本章将以油漆桶包装为例，介绍产品包装的设计方法。

核心知识点

❶ 了解包装设计的色彩运用
❷ 了解包装设计的作用
❸ 掌握包装的平面设计方法
❹ 掌握包装的立体设计方法

11.1 包装设计概述

包装设计就是使用合适的包装材料，为商品进行容器结构造型和包装的美化装饰设计。完美的产品包装不仅美观大方，提高产品的档次，还可以勾起消费者的购买欲望。

11.1.1 包装设计的色彩运用

色彩设计在包装设计中占据重要的位置，因为色彩与整个包装设计的构思、构图紧密联系。色彩的运用要遵循以下原则：

- **总色调**：包装设计之前首先要明确总色调，因为它关系到产品总体的感觉是华丽还是朴实。
- **强调色**：根据产品包装的面积和视觉认知度综合考虑而选用的颜色，强调色的明度一般高于周围色彩，而面积小于周围的色彩。
- **间隔色**：是指在相邻而呈强烈对比的不同色彩中间采用一种色彩进行间隔。间隔色一般以中性色为主，如黑、白、灰等。
- **象征色**：是根据消费者的共同认识加以象征应用的一种观念性颜色，主要用于产品的某种精神属性的表现。

下图为不同产品包装设计的效果。

11.1.2 产品包装的作用

在经济飞速发展的今天，产品的包装已经与产品融为一体。下面简单介绍产品包装的作用。

- **保护功能**：这是包装的最基础功能，可以保护内部物品不受外力冲击，防止因光照或湿气造成物品损伤或变质。
- **销售功能**：是社会、市场在商业经济过程中逐渐衍生的功能。
- **流通功能**：便于产品的搬运装卸。
- **品牌宣传**：在产品的包装上包含名称、Logo、产品介绍等几部分，在产品的流通销售中起到宣传品牌作用。

11.2 产品包装的平面设计

下面以制作"仕诺威"油漆桶的桶面贴纸为例，介绍产品包装设计的构思和制作方法。"仕诺威"油漆桶作为系列化的包装设计，其最典型的特点是所有产品都有相同的品牌商标和品牌信息，在这类包装设计中一定要把产品的标志、信息，色彩和标准字体的设计元素统一。下面介绍具体操作方法。

步骤 01 首先需要测量一下要设计包装产品的具体尺寸，如下左图所示。

步骤 02 新建文档并命名为"油漆桶"，然后根据油漆桶的高度和宽度来设置文档的宽度和高度值，设置分辨率为300像素，模式为CMYK，如下右图所示。

步骤 03 将新建文档的前景色设置为蓝色，然后按Alt+Delete组合键填充颜色，使其企业色更加统一地运用到产品的设计中，如下左图所示。

步骤 04 在文档中创建一条参考线，然后新建图层，使用矩形选框工具绘制矩形，设置前景色为白色，按Alt+Delete组合键填充颜色，再按Ctrl+D组合键取消选区，如下右图所示。

步骤 05 接着制作 "仕诺威" 净味漆的标志，首先新建文档，命名为 "标志"，参数设置如下左图所示。

步骤 06 标志设计的理念是中文+英文设计，在标志文档中使用横排文字工具输入所需的文字并进行排列，如下右图所示。

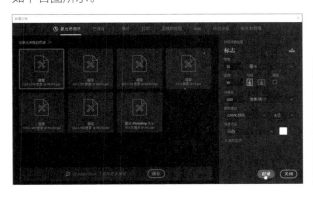

步骤 07 接着设置每个开头字母的字号大小为40点，其他字母设置为25点，然后选取需要更换颜色的首字母，调整好前景色，对文字颜色进行更改，效果如下左图所示。

步骤 08 设置中文字体为华文隶书，根据需要对文字的颜色和形状进行更改。然后单击 "图层" 面板中 "添加图层样式" 下拉按钮，选择 "描边" 选项，在打开的对话框中设置参数为标志添加相应的效果，如下右图所示。

步骤 09 选中设计好的标志并拖入 "油漆桶" 文档中。按下Ctrl+T组合键，进行自由变换操作，适当调整标志和文字的大小，如下左图所示。

步骤 10 双击英文文字图层，打开 "图层样式" 对话框，勾选 "投影" 复选框，然后设置相关参数，单击 "确定" 按钮，如下右图所示。

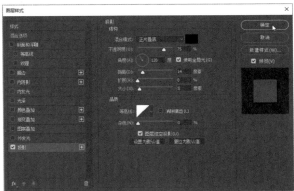

步骤11 将"水花素材.jpg"文件拖入文档中，适当调整其大小，选择该图层并右击，在快捷菜单中选择"栅格化图层"命令，如下左图所示。

步骤12 使用魔棒工具选中白色部分，在属性栏中设置容差为32，并按Delete键删除，如下右图所示。

步骤13 然后选择水花素材图层，设置图层混合模式为"划分"，如下左图所示。

步骤14 此时会发现水花下面多出了一些，则进行羽化删除多余的部分。执行"编辑>变换>水平翻转"命令，将水花放在合适的位置，效果如下右图所示。

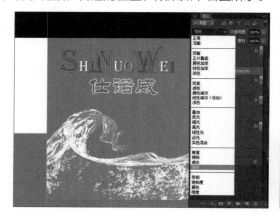 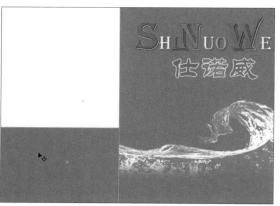

步骤15 新建图层，使用矩形工具在水花下面绘制一条横条状的矩形，填充白色，无描边，并添加"投影"效果，如下左图所示。

步骤16 使用横排文字工具在矩形下方输入联系地址和电话文本，并设置文字的字体字号，如下右图所示。

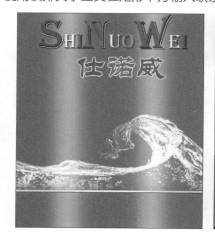 

步骤 17 继续输入说明这款漆主要特性的中文文本，设置字号为86，设置"全效"文本的字号为177，如下左图所示。

步骤 18 然后输入英文，并设置文字的格式，效果如下右图所示。

 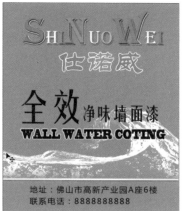

步骤 19 下面设计包装的背面，首先把主要的文字用红色展现出来，并调整文字的位置，如下左图所示。

步骤 20 接着为文字添加"描边"和"投影"效果，使文字更加生动突出，如下右图所示。

 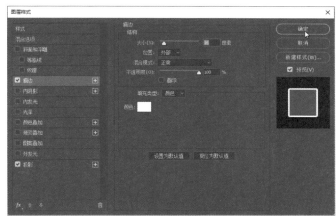

步骤 21 然后在红色文字下面输入产品介绍文本，并对文本的格式进行设置，如下左图所示。

步骤 22 继续输入产品特点的介绍文字，并对其格式进行设置，效果如下右图所示。

 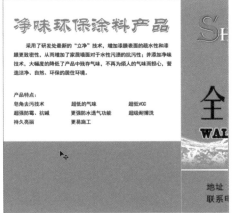

步骤 23 选择工具箱中的自定形状工具，单击属性栏中"形状"下拉按钮，在打开的面板中选择所需的形状样式，如下左图所示。

步骤 24 新建图层，选择菱形形状后，在文字的左侧绘制菱形作为项目符号，如下右图所示。

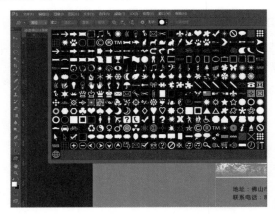

步骤 25 选中菱形图层，按下Ctrl+Enter组合键，将其变换成选区，然后填充颜色，如下左图所示。

步骤 26 按照同样的方法绘制其他项目符号，然后使用对齐工具或参考线将项目符号对齐，效果如下右图所示。

步骤 27 使用矩形工具绘制一条稍宽点的矩形，然后添加"渐变叠加"效果，渐变颜色设置如下左图所示。

步骤 28 移动创建的渐变矩形，使其与上面蓝色区域稍微有些空隙，不要贴的太近，效果如下右图所示。

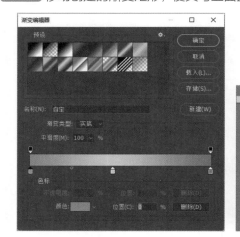

步骤29 至此，油漆桶贴纸制作完成，其整体效果如下图所示。

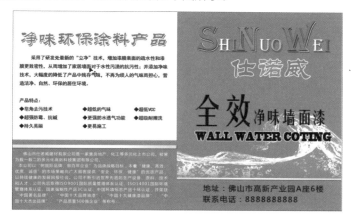

11.3 产品包装立体设计

油漆桶是圆柱形的，设计出平面的包装贴纸后，还需要进行相关处理才能产生立体效果，下面介绍具体操作方法。

步骤01 首先新建文档，设置文档名称为"油漆桶效果"，尺寸设为21×29.7厘米，分辨率设为300，单击"创建"按纽，如下左图所示。

步骤02 然后为背景图层设置灰白色渐变，可以更加突出设计的蓝色油漆桶，如下右图所示。

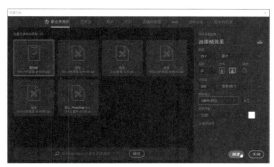
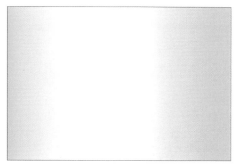

步骤03 然后把"油漆桶.jpg"素材拖进文档中，如下左图所示。

步骤04 将设计好的油漆桶贴纸导入文档中，按下Ctrl+T组合键对其大小进行缩放处理，如下右图所示。

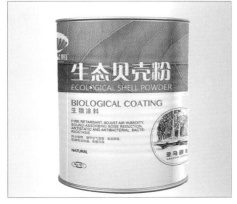

步骤 05 使用矩形选框工具选中油漆桶贴纸的背面部分，然后按Delete键进行删除，保留正面，如下左图所示。

步骤 06 按下Ctrl+D组合键取消选区，再按下Ctrl+T组合键，调整图片大小和位置，如下右图所示。

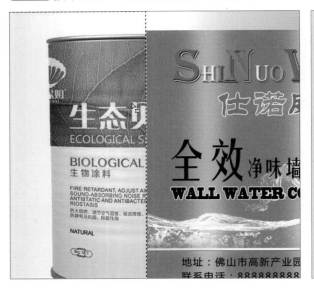

步骤 07 执行"编辑>变换>变形"命令，拖动控制点进行角度调整，使油漆桶贴纸与油漆桶融合在一起，如下左图所示。

步骤 08 调整完成后，查看油漆桶包装设计的最终效果，如下右图所示。

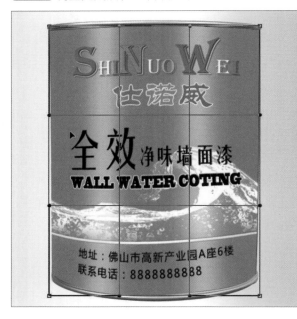

Chapter 12 鲜花海报设计

本章概述

在广告横飞的时代，海报是信息传递的媒介，是一种大众化的宣传工具。海报的宣传针对性比较强，成本低，是宣传产品的首选方式，本章将详细介绍海报设计的方法。

核心知识点

1. 了解海报设计的概念
2. 熟悉图层的应用
3. 掌握文字工具的应用
4. 掌握画笔工具的应用

12.1 海报设计概述

海报设计是随着广告行业发展所形成的一个新职业，海报设计是对图像、文字、色彩、版面、图形等表达广告的元素，结合广告媒体的使用特征进行平面艺术创造的一种设计活动或过程。

海报根据其表现形式分为店内海报、招商海报、展览海报和平面海报，下图为电影《战狼Ⅱ》的宣传海报。

海报主要用于公共场所或商场内进行信息传达，版面通常采用简洁、夸张的手法，突出主题，从而达到强烈的视觉效果。下左图为色彩鲜明的海报效果，下右图为简洁明了的海报效果。

12.2 鲜花海报正面设计

下面我们以鲜花为主体，制作一张宣传鲜花团购的正反面海报。通过本案例的学习，让读者能够掌握Photoshop海报设计中一些小技巧的运用，更是对于设计整体意识的提升，具体操作过程如下。

步骤01 首先创建一个空白文档，文档类型选择"国际标准纸张"，大小选择A4，具体参数设置如下左图所示。

步骤02 将鲜花图片拖入文档中，调整大小和位置后按Enter键，如下右图所示。

步骤03 选择多边形套索工具，沿图片边缘45度绘制选区，选中图片右下角的区域，如下左图所示。

步骤04 保持选区为选中状态，然后选中鲜花图层，执行"图层>图层蒙版>显示选区"命令，如下右图所示。

步骤05 右击鲜花图层，在弹出的快捷菜单中选择"栅格化图层"命令，如下左图所示。

步骤06 再拖入一张鲜花图片，调整位置和大小，按下Enter键，如下右图所示。

步骤 07 使用多边形套索工具将图片右下角选取出来并添加蒙版，并栅格化图层，如下左图所示。

步骤 08 导入第3张鲜花图片，按照同样的方法调整大小和位置，添加蒙版并栅格化图层，如下右图所示。

步骤 09 选中3个鲜花图层，按下Ctrl+G组合键，将三个图层编组，并重命名为"右下角鲜花图片"，如下左图所示。

步骤 10 拖入第4张图片并放在左上角，调整位置和大小，添加蒙版并栅格化图层，如下中图所示。

步骤 11 依次拖入第5、第6张图片，按照同样的方法进行设置，效果如下右图所示。

步骤 12 选择左上角创建的所有图层，按下Ctrl+G组合键，执行编组操作，命名为"左上角鲜花图片"，如下左图所示。

步骤 13 新建空白图层，使用矩形选框工具绘制矩形，设置填充颜色为#ea647d，按下Alt+Delete组合键确认填充，效果如下右图所示。

步骤14 选择横排文字工具，在刚创建的矩形内输入标签语并设置文字格式，如下左图所示。

步骤15 然后输入标题文字，选中 "团购" 文字，加大文本字号，全选标题文字，在"字符"面板中设置字符间距，填充颜色为#ea647d，如下右图所示。

步骤16 使用移动工具和自由变换工具将标签语和大标题文字适当调整，效果如下左图所示。

步骤17 新建图层并输入文字，调整文字大小和字符间距，文字颜色设为#0e4144，效果如下右图所示。

步骤 18 再次新建图层并输入文字，字体调小，字符间距同上，文字颜色为#0e4144，如下左图所示。

步骤 19 选中"左上角鲜花图片"图层以上的所有图层，按下Ctrl+G组合键执行编组操作，命名为"标题组"，如下右图所示。

步骤 20 新建图层，使用矩形选框工具绘制一个矩形，填充颜色为#0e4144，然后用多边形套索工具切掉左上角，效果如下左图所示。

步骤 21 新建图层，输入文字并调整位置，使其正好嵌在矩形内。再新建图层，输入文字后将文字调小，颜色为#0e4144，如下右图所示。

步骤 22 新建图层，在空白处输入数字1234，颜色设置为#0e4144，选中该图层，执行"图层>栅格化>文字"命令，如下左图所示。

步骤 23 新建图层，在数字上面通过多边形套索工具填充一些色块，让文字的效果更加厚实，颜色均为#0e4144，前后效果对比如下右图所示。

步骤 24 使用矩形选框工具选中其中一个数字，再使用移动工具将选中的数字移动到斜面位置，同样的方法将其他3个数字移到斜面相应的位置，如下左图所示。

步骤 25 新建4个图层，分别输入对应的文字，并调整位置和大小，效果如下右图所示。

步骤 26 选中"标题组"以上的所有图层，按下Ctrl + G组合键，执行编组操作并命名为"内容组"，如下左图所示。

步骤 27 新建图层，使用画笔工具在图片边缘绘制两条线段，颜色为#544c4b，画笔属性设置如下右图所示。

步骤 28 新建图层，使用画笔工具绘出大小不等的线条，颜色不变，然后将斜线条图层编组，命名为"斜线条"，将组的不透明度设置为90%，如下左图所示。

步骤 29 最后拖进两张图片至背景层的上一层，将两朵花放在对角处，设置图层的不透明度降为35%，海报的正面就设计完成了，效果如下右图所示。

12.3　鲜花海报反面设计

　　鲜花海报反面主要是应用文字对鲜花进行介绍，再搭配一些图片，达到鲜艳、不单调的效果。下面介绍具体操作方法。

步骤 01 创建空白文档，文档类型为"国际标准纸张"，"大小"选择A4，如下左图所示。

步骤 02 将鲜花图片拖至文档中，制作海报反面背景，调整图片的大小和位置后按下Enter键确认，如下右图所示。

步骤 03 再次拖入一张鲜花图片，调整大小和位置后按下Enter键，如下左图所示。

步骤 04 使用多变形套索工具选取图片左上角，执行"图层>图层蒙版>隐藏选区"命令，如下右图所示。

步骤 05 再拖入一张鲜花图片，调整角度和位置，适当倾斜后按下Enter键，效果如下左图所示。

步骤 06 按照同样的方法，将图片右下角选取并执行蒙版操作，效果如下右图所示。

步骤 07 按照同样的方法，拖入图片并进行相应的调整，直到铺满整个背景，效果如下左图所示。

步骤 08 选中所有鲜花图层按下Ctrl+G组合键进行编组，为该组命名为"背景图片"，并栅格化所有图层，如下右图所示。

步骤 09 新建图层，使用画笔工具绘制斜线，设置线条颜色为# 5b4e50，最后将其编组，如下左图所示。

步骤 10 新建图层，选择椭圆选框工具，按住Shift键绘制一个正圆，设置填充颜色#fffbf7，按下Alt+Delete组合键确认填充，如下右图所示。

步骤 11 新建图层，选择椭圆工具，在属性栏中设置类型为"路径"，同时按住Shift键绘制正圆，如下左图所示。

步骤 12 选择画笔工具，在属性栏中打开画笔预设选取器，设置相关参数，如下右图所示。

 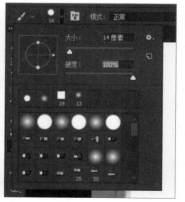

步骤13 切换为路径光标，设置前景色为 # e9a993，在文档中右击，在快捷菜单中选择"描边路径"命令，在打开的对话框中设置参数，调整圆形的位置和大小，效果如下左图所示。

步骤14 将圆和圆路径两图层编组，命名为"圆框"。新建两个文字图层，输入文字分别设置属性，效果如下右图所示。

步骤15 新建图层，打开"画笔"面板，勾选"形状动态"复选框，设置"控制"为"钢笔压力"，画笔像素为30，如下左图所示。

步骤16 使用钢笔工具绘制直线并右击，选择"描边路径"命令，打开"描边路径"对话框，勾选"模拟压力"复选框，单击"确定"按纽，效果如下右图所示。

步骤17 使用多边形套索工具删减中间部分，使用椭圆选框工具绘制小圆，填充颜色并调整位置和大小，效果如右图所示。

步骤 18 选择横排文字工具，在圆形内拖曳绘制大一点的文本框，并输入相关文字，设置文字格式，如下左图所示。

步骤 19 最后拖入二维码素材，调整并进行相应的修剪，添加底部文字，并将所有未编组的图层编组，命名为"内容"，海报的反面就做好了，如下右图所示。

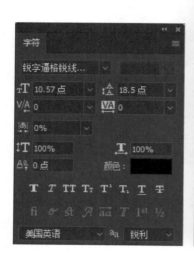

步骤 20 至此，鲜花海报的正反面就全部制作完成了，最终效果如下图所示。

课后练习答案

Chapter 01

1. 选择题

（1）C   （2）C   （3）A

2. 填空题

（1）像素

（2）直线，曲线

（3）RGB、CMYK、Lab、灰度

Chapter 02

1. 选择题

（1）D   （2）B   （3）D

2. 填空题

（1）颜色模式、分辨率、大小

（2）1

（3）文件>置入嵌入的智能对象

Chapter 03

1. 选择题

（1）C   （2）A   （3）D

2. 填空题

（1）纯色、渐变、图案

（2）可以

（3）建立选区

（4）模糊边缘

Chapter 04

1. 选择题

（1）D   （2）A   （3）BCD （4）B

2. 填空题

（1）创建文字变形

（2）窗口>段落

（3）矩形工具，椭圆工具，圆角矩形工具

Chapter 05

1. 选择题

（1）D   （2）D   （3）A   （4）A

2. 填空题

（1）色阶的数量

（2）色偏

Chapter 06

1. 选择题

（1）B   （2）A   （3）B

2. 填空题

（1）图层蒙版、剪贴蒙版和矢量蒙版

（2）钢笔工具，形状工具

（3）"将通道作为选区载入"

Chapter 07

1. 选择题

（1）B   （2）A   （3）B   （4）D

2. 填空题

（1）修复画笔

（2）内容感知移动

（3）修补工具

Chapter 08

1. 选择题

（1）A   （2）C   （3）D   （4）C

2. 填空题

（1）表面模糊

（2）自适应广角

（3）聚光灯，点光，无限光

（4）图层>智能滤镜>清除智能滤镜

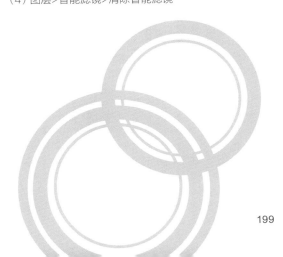